乌海及周边地区臭氧污染特征与预报方法

杨红子　等　编著

气象出版社
China Meteorological Press

内 容 简 介

随着我国城市化进程加速，臭氧污染问题日益凸显。本书主要介绍了臭氧污染的相关概念，并分析2015—2021年乌海及周边地区臭氧污染特征、臭氧与气象要素的关系等，使用环流客观分型方法对区域性臭氧污染过程的500 hPa位势高度场、850 hPa位势高度场、海平面气压场进行环流客观分型，分析典型臭氧污染过程个例，建立臭氧浓度预报模型并检验。

本书有助于环境气象服务人员建立乌海及周边地区臭氧污染的预报预警思路，为气象服务人员开展臭氧污染环境气象服务提供技术支撑。

图书在版编目（CIP）数据

乌海及周边地区臭氧污染特征与预报方法 / 杨红子等编著. -- 北京 : 气象出版社, 2023.11
ISBN 978-7-5029-8099-3

Ⅰ. ①乌… Ⅱ. ①杨… Ⅲ. ①臭氧－空气污染－污染防治－乌海 Ⅳ. ①X511

中国国家版本馆CIP数据核字(2023)第220767号

乌海及周边地区臭氧污染特征与预报方法
Wuhai ji Zhoubian Diqu Chouyang Wuran Tezheng yu Yubao Fangfa

出版发行：气象出版社
地　　址：北京市海淀区中关村南大街46号　**邮政编码**：100081
电　　话：010-68407112(总编室)　010-68408042(发行部)
网　　址：http://www.qxcbs.com　**E-mail**：qxcbs@cma.gov.cn
责任编辑：邵　华　张玥滢　**终　　审**：张　斌
责任校对：张硕杰　**责任技编**：赵相宁
封面设计：艺点设计
印　　刷：北京地大彩印有限公司
开　　本：787 mm×1092 mm　1/16　**印　　张**：5.25
字　　数：132千字
版　　次：2023年11月第1版　**印　　次**：2023年11月第1次印刷
定　　价：40.00元

编审委员会

主　　任：姜　桓

副 主 任：赵　燕　乌吉斯古林

成　　员：高存香　姚建丽　邬　昕　王　祺　王　晴　白　鑫　王　悦

编写委员会

技术顾问：张小玲　李一平

主　　编：杨红子

副 主 编：张宏建　赵旭春

编写人员（按姓氏笔画排列）：

马文迪　刘婉清　张洪杰　张　莉　赵雯涛　姜雨蒙　殷宁潞　薛　镇

前　言

乌海及周边地区包括阿拉善盟、乌海市、巴彦淖尔市、鄂尔多斯市、包头市、呼和浩特市 6 个盟(市)。该地区位于华北西部，西接甘肃省，南临宁夏回族自治区、陕西省、山西省，北接蒙古国。阿拉善盟、乌海市经济结构以第二产业为主，鄂尔多斯市、包头市、呼和浩特市人口密集，6 个盟(市)的经济发展结构以及人口分布情况为空气污染变化提供了背景条件。夏季高温、低湿、强日照、适宜的风向风速为出现臭氧(O_3)污染提供了“温床”，污染物的排放对 O_3 污染起到了举足轻重的作用。

随着社会经济迅速发展，人类活动、工业排放产生的污染物增多，O_3 的前体物和光化学氧化剂大量增加，加之平流层与对流层发生物质交换，使得高浓度 O_3 向下输送，导致近地面 O_3 浓度呈上升趋势，空气污染状况已从传统的煤烟型污染逐渐转为复合型污染及以 O_3 为代表的光化学污染。O_3 污染问题日益突出，已逐渐成为继 $PM_{2.5}$ 后影响人体健康及生态环境的又一种重要的大气污染源。因此，很有必要对乌海及周边地区的 O_3 污染及预报方法做进一步研究。本书给出了 O_3 污染发生时的气象要素指标、大气环流客观分型及 O_3 浓度预报方法，能够帮助环境气象服务人员建立乌海及周边地区 O_3 污染的预报预警思路，为气象服务人员开展 O_3 污染气象服务提供技术支撑，更好地为地方经济发展提供高质量的环境气象服务。

本书共 5 章，内容涵盖乌海及周边地区 O_3 污染的变化特征、O_3 浓度与其他污染物浓度及气象要素的相关性、区域性 O_3 污染过程的环流客观分型、O_3 浓度预测模型的建立及检验等内容。

本书编写组主要由乌海市气象局预报服务技术人员组成。杨红子为主编，负责内容设计、技术路线、组织编写、文稿修改和审定等工作。张宏建、赵旭春为副主编，负责文稿设计、修改，章节小结和参考文献的撰写。第 1 章由马文迪执笔，第 2 章由赵雯涛、薛镇执笔，第 3 章由张莉、姜雨蒙执笔，第 4 章由殷宁潞、刘婉清执笔，第 5 章由张洪杰执笔。

成都信息工程大学张小玲教授、内蒙古自治区气象局李一平首席两位专家参与了编写大纲的工作，并审阅全稿提出了宝贵意见，在此表示感谢。同时，本书参阅了他人的研究成果、论文、论著，不一一列举，在此深表谢意！

由于影响 O_3 污染的因素较多，前体物排放污染源不同，光化学反应过程复杂，O_3 污染问题的研究和预测业务涉及领域广泛，且具有复杂性，加之编写人员水平有限，错漏之处在所难免，恳请读者批评指正。

编者

2023 年 3 月

目　录

第1章 概论

1.1 基本概念及原理

臭氧(O_3)又称为超氧，是地球大气中一种微量气体，是氧气(O_2)的同素异形体，它是大气中氧分子受太阳辐射分解成氧原子后，氧原子又与周围的氧分子结合而形成的，含有3个氧原子(杨志捷 等,2019)。大气中90%以上的O_3存在于对流层上部或平流层，距地面有10～50 km,这是需要人类保护的大气O_3层。还有少部分的O_3分子徘徊在近地面，对阻挡紫外线有一定的作用。虽然O_3在平流层起到了保护人类与环境的重要作用，但若其在对流层的浓度增加，则会对人体健康产生有害影响。

O_3具有强烈的刺激性，主要是刺激和损害深部呼吸道，并可损害中枢神经系统，对眼睛有轻度的刺激作用，对肺功能有不利的影响。当O_3浓度过高时还会对人体皮肤中的维生素E起到破坏作用，致使人的皮肤起皱、出现黑斑(杨健 等,2019;陈浪 等,2017)。O_3对人体还有致畸性，母亲孕期接触O_3可导致新生儿睑裂狭小发生率增多。O_3还能阻碍血液输氧功能，造成组织缺氧，使甲状腺功能受损、骨骼钙化，还可引起潜在性的全身影响，如诱发淋巴细胞染色体畸变，损害某些酶的活性和产生溶血反应。O_3超过一定浓度，除对人体有一定毒害外，对某些植物生长也有一定危害。地面高浓度的O_3会对植物光合作用及呼吸作用、叶片膜保护系统、气孔反应和新陈代谢等产生影响，影响植物生长及产量(靳少非,2019;李明华 等,2019)。Amelie et al.(2019)研究了O_3浓度升高对十字花科植物的花卉有很大影响，影响其花期。彭林等(2023)分析O_3污染可以引起的水稻、小麦和玉米减产，造成直接经济损失。O_3还可以使橡胶制品变脆和产生裂纹。

出现在对流层(即大气层的最底层)的O_3,通常被称为有害O_3,即O_3污染，它是人为产物，是汽车废气和工业排放物释放出的一系列氮氧化物(NO_x)气体和挥发性有机化合物引起的，这些都是燃烧汽油和煤的副产物。氮氧化物(NO_x)和挥发性有机物(Volatile Organic Compounds)是O_3生成的两种“原料”,挥发性有机物简称为VOCs,是一类物质的总称。空气中的挥发性有机物有很多种，当专指一种挥发性有机物，或者表示挥发性有机物这样一个集合概念时也可称为VOC。

O_3污染是前体物——氮氧化物(NO_x)和挥发性有机物(VOCs)两种“原料”经过光化学反应而生成的。光化学反应又称光化作用。物质一般在可见光或紫外线的照射下而产生的化学反应，是由物质的分子吸收光子后所引发的反应。二氧化氮分子(NO_2)经过阳光照射，释放出氧原子，见公式(1.1)。这些氧原子又去攻击氧分子，从而形成O_3,见公式(1.2)。而生成的一氧化氮(NO)又能够与空气中的氧分子结合重新生成NO_2。O_3光化学反应再分解为氧原子和氧分子，见公式(1.3)和公式(1.4)。此循环过程不断重复。

$$O_2 + hv \longrightarrow 2O \tag{1.1}$$

$$O_2+O+M \longrightarrow O_3+M \quad (1.2)$$

$$O_3+hv \longrightarrow O_2+O \quad (1.3)$$

$$O_3+O \longrightarrow 2O_2 \quad (1.4)$$

其中 M 为反应第三体，它们是氮气(N_2)和氧气分子。

O_3 污染主要形成于城市及市郊，盛行风也可能把 O_3 污染带到农村地区去。据研究，在城市工业区下风方向 150 km 外的农村地区可以检测到相当严重的 O_3 污染。

气象条件是地面 O_3 生成的至关重要的因素，需要高温、辐射、大气静稳三大重要天气条件。春末、夏季和初秋阳光灿烂的高温天气是 O_3 污染物形成的重要条件，高浓度的 O_3 一般形成于炎热的下午和傍晚，并在较为凉爽的夜晚消散。辐射主要是指紫外线，太阳光中紫外线是污染物发生光化学反应的催化剂。大气静稳有利于形成较高的 O_3 浓度，如果风很大，污染物很快会被吹散。

1.2 O_3 浓度观测

2008 年我国开始全国环境监测系统的试点监测，其中就包括了 O_3 的监测。近年来 O_3 的监测网络发展迅速，已经建成了覆盖全国地级市的 O_3 在线监测网络。

常用的 O_3 浓度监测方法(表 1.1)，主要包括靛蓝二磺酸钠分光光度法、紫外光度法、化学发光法、差分吸收光谱法等。我国在 1995 年分别发布了《环境空气 臭氧的测定 靛蓝二磺酸钠分光光度法》(GB/T 15437—1995)和《环境空气 臭氧的测定 紫外光度法》(GB/T 15438—1995)用于规范环境空气中 O_3 的测定，其中对 O_3 分析工作所用试剂、操作规程以及标定方法都进行了详细的说明。2009 年，HJ 504—2009 替代了 GB/T 15437—1995；2010 年 HJ 590—2010 替代了 GB/T 15438—1995。生态环境部制定了《环境空气 臭氧的自动测定 化学发光法》(HJ 1225—2021)。

表 1.1 O_3 浓度监测分析方法

标准编号	分析方法
《环境空气 臭氧的测定 靛蓝二磺酸钠分光光度法》(HJ 504—2009)	靛蓝二磺酸钠分光光度法(手工分析方法)
《环境空气 臭氧的测定 紫外光度法》(HJ 590—2010)	紫外光度法(手工分析方法)
《环境空气 臭氧的自动测定 化学发光法》(HJ 1225—2021)	化学发光法(自动分析方法)

1.3 空气中 O_3 含量标准

O_3 浓度是指单位体积内 O_3 所占的含量，《环境空气质量标准》(GB 3095—2012)明确规定了空气中 O_3 含量标准，空气 O_3 浓度标准具体规定如下(表 1.2)：

环境空气功能区分为二类：一类区为自然保护区、风景名胜区和其他需要特殊保护的区域；二类区为居住区、商业交通居民混合区、文化区、工业区和农村地区。一类区适用一级 O_3 浓度限值，二类区适用二级 O_3 浓度限值。

一级 O_3 浓度限值：日最大 8 h 平均值 100 $\mu g \cdot m^{-3}$；1 h 平均值 160 $\mu g \cdot m^{-3}$。

二级 O_3 浓度限值：日最大 8 h 平均值 160 $\mu g \cdot m^{-3}$；1 h 平均值 200 $\mu g \cdot m^{-3}$。

表 1.2　O_3 浓度限值(单位:μg·m^{-3})

	优 (一级)	良 (二级)	轻度污染 (三级)	中度污染 (四级)	重度污染 (五级)
1 h	≤160	(160,200]	>200		
8 h	≤100	(100,160]	(160,215]	(215,265]	>265

1.4　研究背景

随着我国工业、交通、农业等的快速发展,大量的废气排入到空气中,使得大气环境质量明显变差。人民的生活水平日益提高,环境问题越来越受到人们的重视(黄振中,2004;缪国军 等,2004)。2013 年 1 月,我国东部出现跨区域、大范围的连续多天灰霾天气,$PM_{2.5}$ 浓度一度“爆表”。污染物 $PM_{2.5}$ 被提上各级政府议程,我国大气污染防治工作开始了长期的攻坚战(吴刚,2015;Zhao et al.,2013;Yan et al.,2015)。

近年来随着我国对细颗粒物污染的治理,空气质量得到改善,但是 O_3 污染问题日益突出,国内外许多城市均已出现 O_3 污染现象,O_3 污染问题逐步凸显,已逐渐成为继 $PM_{2.5}$ 后影响人体健康及生态环境的又一种重要的大气污染源(王文兴 等,2019)。人类活动、工业排放产生的污染物加剧,O_3 的前体物和光化学氧化剂大量增加,加之平流层与对流层发生物质交换,使得高浓度 O_3 向下输送,导致近地面 O_3 浓度呈上升趋势,空气污染状况已从传统的煤烟型污染逐渐转为复合型污染及以 O_3 为代表的光化学污染,从而引起了国内外广大学者的关注(杨洪斌 等,2012)。

内蒙古自治区环境空气质量虽也有所改善,但陈志青等(2019)的研究结果表明,2017 年较 2015 年 O_3 浓度和 O_3 污染形势整体上呈加重趋势,并且乌海及周边地区 O_3 浓度较高,东部地区 O_3 浓度较低,与内蒙古的经济发展水平表现出一定的同步性。胡亚男等(2022)对内蒙古近地面 O_3 污染时空分布特征及气象条件作了分析,结果表明,乌海及周边地区的偏南地区 O_3 浓度最高。但研究仅为 O_3 污染的特征分析和影响因子分析,对于内蒙古地区 O_3 污染预报方面的研究还比较少,特别是乌海及周边地区 O_3 浓度较高需要做更加详细的分析。因此,很有必要对乌海及周边地区的 O_3 浓度及预报方法做进一步研究。

1.5　地理环境

选择的研究范围是乌海及临近的阿拉善盟、巴彦淖尔市、鄂尔多斯市、包头市、呼和浩特市 6 个盟(市),该地区位于华北西北部,西接甘肃省,南临宁夏回族自治区、陕西省、山西省,北接蒙古国。乌海及周边地区自东向西的阴山山脉向西接入阿拉善高原,东南部分布有鄂尔多斯高原,阿拉善东南部与贺兰山西麓相接(图 1.1)。

乌海及周边地区环境监测点位置比较集中,选用的气象观测站点与环境监测点的分布位置基本重合(图 1.2),阿拉善的站点位于城市东南侧,贺兰山西麓;乌海的站点位于鄂尔多斯高原西侧;巴彦淖尔、包头、呼和浩特的站点均位于阴山以南,海拔高度相对较低。

乌海及周边地区人口差异较大,最大可相差十几倍。其中阿拉善、乌海、巴彦淖尔人口较少,特别是阿拉善地广人稀;鄂尔多斯、包头、呼和浩特为内蒙古自治区的主要大城市,人口较多,特别是呼和浩特,人口密度最大。

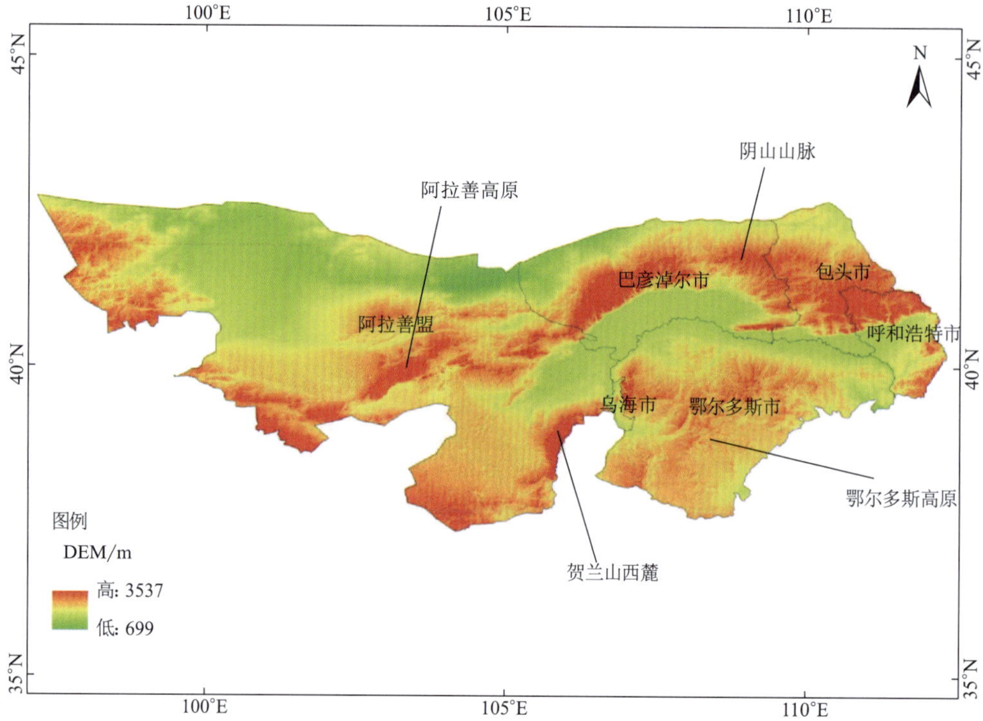

图 1.1　乌海及周边地区地形

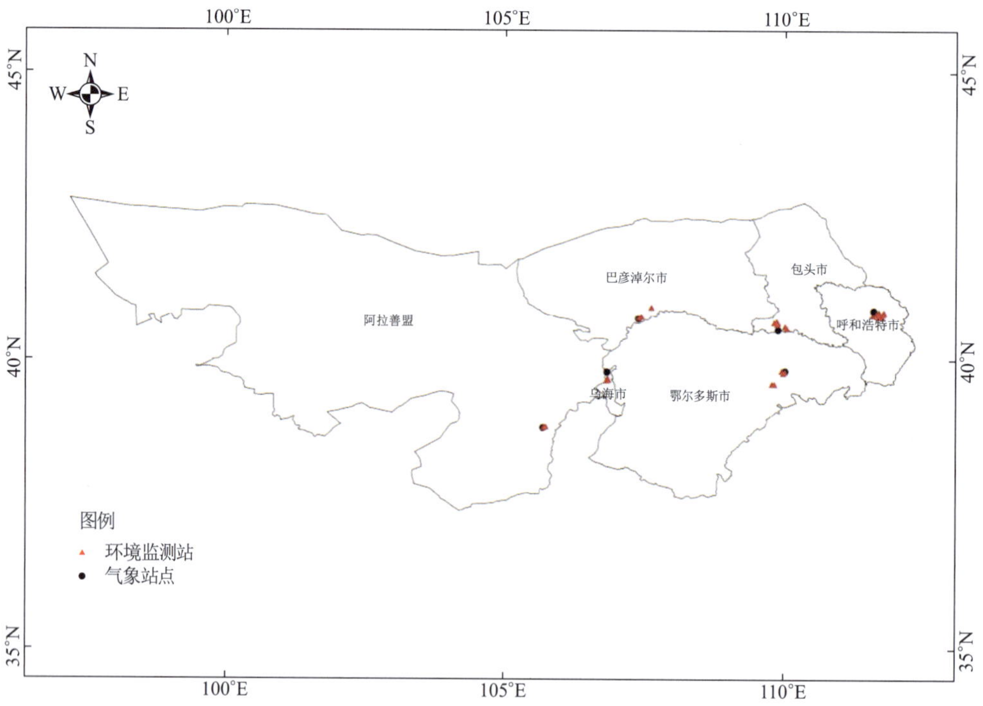

图 1.2　乌海及周边地区观测站点

由表 1.3 可知阿拉善、乌海两个城市的经济结构主要以第二产业为主，对本市经济增长的贡献率高达 80%以上。第二产业主要以化工企业和煤炭开采和洗选业为主。鄂尔多斯、包头的经济增长仍以第二产业为主，但贡献率明显下降至 50%，且和第三产业的贡献率相差不大。呼和浩特经济增长虽以第三产业为主，但贡献率仅为 50%，第二产业对经济的发展也起到了重要的作用，贡献率达 48%。巴彦淖尔经济增长以第一产业为主，污染物排放比较少。

表 1.3　乌海及周边地区 6 个盟(市)经济社会发展状况

	阿拉善	乌海	巴彦淖尔	鄂尔多斯	包头	呼和浩特
面积(万 km^2)	27	0.1754	6.5	8.7	2.7768	1.72
人口(万人)	26.9	56.02	151.76	220.07	274.04	355.11
主要产业及对经济的贡献率	第二产业	第二产业	第一产业	第二产业	第二产业	第三产业
	89%	80%	—	52%	55%	50%

乌海及周边地区 6 个盟(市)的经济发展结构以及人口分布情况为空气污染变化特征提供了背景条件，污染物的排放对 O_3 污染有重要的影响。

研究区域地域广袤，所处纬度较高，高原面积大，距离海洋较远，边缘有阴山山脉阻隔，气候以温带大陆性季风气候为主。总的特点是春季气温骤升，多大风天气，夏季短促而炎热，降水集中，秋季气温剧降，霜冻往往早来，冬季漫长严寒，多寒潮天气。全年太阳辐射量从东向西递增，降水量由东向西递减。日照充足，光能资源非常丰富，大部分地区年日照时数都大于 2700 h，阿拉善高原的西部地区达 3400 h 以上。夏季极端最高气温东低西高，基本在 35 ℃左右，其中乌海、鄂尔多斯、阿拉善极端最高气温在 40 ℃以上。年降雨量在 50～350 mm，自东南向西北递减，阿拉善西部降雨量在 50 mm 以下。年平均风速在 1.4～5.5 $m \cdot s^{-1}$，自东向西，自南向北增大，夏季阴山以南盛行偏南风或偏东风，阴山以北盛行西北风或北风。

夏季高温、日照时数长和适宜的风向风速，为乌海及周边地区出现 O_3 污染提供了“温床”。

1.6　资料来源

① 使用 2015—2021 年全国环境空气质量 6 项污染物($PM_{2.5}$，PM_{10}、CO、NO_2、SO_2、O_3)观测数据，来源于全国城市空气质量在线监测分析平台(https://www.aqistudy.cn/historydata/)。

② 2015—2021 年乌海及周边地区 6 个盟(市)国家气象站(阿拉善(53602)、乌海(53512)、巴彦淖尔(53513)、鄂尔多斯(53543)、包头(53446)、呼和浩特(53463))逐小时、逐日地面常规观测数据包括气温、湿度、日照、气压、风速、风向等要素资料以及高空常规观测资料。

③ 2015—2021 年欧洲中期天气预报中心(ECMWF)再分析数据中的逐日 08 时 500 hPa、850 hPa 的位势高度场、水平全风速(U 和 V)；海平面气压场、10 m 水平全风速(U 和 V)的格点场作为分型对象，水平分辨率为 0.75°×0.75°。

1.7　研究方法

随着 O_3 观测的开展，很多学者对 O_3 浓度的变化特征进行了研究，指出 O_3 浓度逐年增加，

O_3 浓度超标现象越来越严重；O_3 污染是多重空间和时间积累的过程，本地污染源排放和周边区域污染输送是 O_3 污染的重要来源；气象条件对近地层 O_3 的生成和转化作用不容忽视，同一排放源在不同的气象条件下可能产生不同的污染状况（严文莲 等，2019）。现在 O_3 研究从单纯地分析其区域分布规律和时空变化特征，向综合分析影响近地面 O_3 浓度的原因和源汇机理以及综合考虑近地面 O_3 污染与其他环境问题的矛盾和解决方案等方向发展（谈昌蓉 等，2019）。

在 O_3 污染变化特征研究方面，对于 O_3 污染严重性有不同的表征，有使用 O_3 浓度超标天数、O_3 浓度超标率（陈艳，2019）、O_3 第 10 百分位浓度和第 90 百分位浓度（张硕 等，2018）、O_3 第 25 百分位浓度和第 75 百分位浓度（靳少非，2019）、O_3 浓度中位数、最大值和平均值（李明华 等，2019）表征的，也有直接使用 O_3 浓度（王文波 等，2019）、O_3 最大 8 h 滑动平均值（王敏 等，2022）的，大多数学者是用两种以上表征方法联合研究的，能够更加充分、科学地表示 O_3 污染的特征。学者一般都分析了 O_3 污染的年变化、季节变化、月变化、日变化等，还有分析 O_3 污染“周末”效应（严文莲 等，2019）以及市区与郊区之间 O_3 污染程度不同的（马秉吉 等，2019；杨溟鋆 等，2021）。李晓虹等（2022）对银川都市不同功能圈 O_3 污染及 O_3 浓度超标特征作了研究。

O_3 浓度与 NO、NO_2、NO_x 浓度的相关性很好（吴珂 等，2016），与气温、日照呈正相关，与湿度、降雨、云量等气象要素呈负相关（陈培章 等，2019；阮虞清 等，2021；齐艳杰 等，2020；刘枢 等，2018）。有学者选择净地表太阳辐射、边界层高度、850 hPa 相对湿度和垂直速度做分析（余益军 等，2020）。张莉等（2019）分析了唐山市白天和夜晚气压及其他常规气象要素与 O_3 浓度之间的关系，给出了不同气象要素范围内对应的 O_3 浓度。

O_3 浓度的变化主要受气象条件（刘瑀菲 等，2019）和污染源的影响。气象条件是影响 O_3 浓度的主要因素之一，高压系统控制下，天气晴好，风力小，湿度小、风速适宜的气象条件下（庄马展，2022；刘婵芳 等，2022），更容易发生 O_3 污染。而且在不同天气型影响下 O_3 浓度输送的轨迹聚类和潜在源区及其污染贡献不同（张小玲 等，2021；卢宁生 等，2023；史文彬 等，2022），不同季节污染源也不同（赵乐 等，2019；李源 等，2019）。数值模式也逐渐应用于 O_3 污染气象条件（汪海恒 等，2022）和污染源分析中（Zhang et al.，2018）。Lu et al.（2019）利用区域多尺度空气质量（CMAQ）模型及其过程分析工具研究分析了 O_3 污染期间 O_3 浓度的三维分布及影响因素。

在 O_3 浓度预报技术的研究方面，常用的方法为逐步回归方法（潘文琪 等，2019；李莹 等，2016），梁卓然等（2017）将 Lamb-Jenkinson 客观环流分析方法与逐步回归模型结合建立 O_3 浓度预测模型。张浩等（2012）建立了基于广义线性模型的地表 O_3 浓度的预测模型，杨翠虹（2022）基于不同智能优化算法的 SVR 非线性集成模型在 O_3 浓度预测中，检验效果良好。张丽等（2019）研究 O_3 污染的敏感气象条件，基于概率统计和相关性分析，总结了深圳市 O_3 污染气象条件指数，业务运行良好。还有学者将向量机回归和小波变换（朱佳 等，2010；苏筱倩 等，2019）、相空间和基向量理论（张建磊 等，2006）等理论、方法应用到 O_3 浓度的预报中。为 O_3 浓度预报提供了关键技术。最近有学者开始研究气候尺度的天气系统南亚高压、欧亚积雪等对 O_3 浓度的影响（万羽，2022）。

1.7.1 基本定义

本研究主要使用 $O_{3\_}8$ h 浓度（O_3 浓度 8 h 滑动平均日最大值）来评价 O_3 污染的程度。

① O_3 浓度超标：指逐日 $O_{3\_}8$ h 浓度超过 160 $\mu g \cdot m^{-3}$。

② O_3 浓度超标天数：是指某个时间段内 O_3 超标的天数之和。

③ O_3 浓度超标率：是指某个时间段内 O_3 浓度超标天数/总天数。

④ 第 90 百分位值：又被称为百分位点，它指样本中有 90%的值小于该数，只有 10%的值大于该数。

第 90 百分位值常用于衡量非正态分布样本或带状分布样本。计算第 90 百分位值的方法有两种，第一种是联立方程法，第二种是插值法。

本研究使用插值法。将计算先画出累计分布函数曲线，然后以 $P(X=X_0)=0.9$ 为目标，二分法搜索，套用插值公式：

$$X_0=(X_1(f_1-f_2)+X_2(f_2-f_0))/(f_1-f_0) \tag{1.5}$$

其中 f 为曲线上点的概率值，X 为曲线上点的位置，从而得出 X_0 的值。

1.7.2　相关性分析

(1)皮尔逊(Pearson)相关及双侧 t 检验

相关系数 r 的公式为：

$$r=\frac{\sum_{i=1}^{n}(x_i-x)(y_i-y)}{\sqrt{\sum_{i=1}^{n}(x_i-\overline{x})^2\cdot\sum_{i=1}^{n}(y_i-\overline{y})^2}} \tag{1.6}$$

双侧 t 检验的公式为：

$$t=\frac{\overline{x}-\overline{y}}{\sqrt{\dfrac{{\delta_x}^2+{\delta_y}^2-2r\delta_x\delta_y}{n-1}}} \tag{1.7}$$

其中 $\overline{x}$、$\overline{y}$ 分别为 x、y 两个样本的平均值，r 为两个样本的相关系数，δ_x^2、δ_y^2 分别为两个样本的方差。

(2)斯皮尔曼(Spearman)相关系数

$$r_s=1-\frac{6\sum d^2}{n(n^2-1)} \tag{1.8}$$

其中 d 为分别对 X、Y 取秩之后每对观察值的秩之差，n 为所有观察对的个数。随后对 Spearman 等级相关系数 r_s 进行假设检验。

1.7.3　环流客观分型

本研究使用欧盟 COST73 项目开发的环流客观分型软件(http://www.cost733.org)，采用 T-mode 斜交旋转主成分分析法(Principal Component Analysis in T-mode，PCT)进行环流客观分型(许建明 等，2016)。基本原理是将原始高维数据 Z 分解为 F 和 A 两个低维矩阵，$Z=FA^T$，每行代表 N 个空间格点，每列为 M 个观测时次，F 为主成分(PC)，A 为 PC 载荷。所有的主成分按照对应特征值的大小排序，最后选取对原数据累计贡献率超过一定百分比(一般为 85%)的特征值所对应的第 1～K 个($K\leqslant M$)主成分 F 达到降维的目的。PCT 方法可准确地反映原始大气环流场特征，得到的时空场较为稳定，此方法已应用在上海(常炉予 等，2019)、华北(梁卓然 等，2017)、银川(严晓瑜 等，2022)等地区颗粒物污染的研究中。

1.7.4　预测模型建立

(1)多元线性回归

当多个自变量与因变量之间是线性关系时，所进行的回归分析就是多元线性回归。设 y

为因变量，$x_1, x_2, \cdots, x_n$ 为自变量，并且自变量与因变量之间为线性关系时，则多元线性回归模型为：

$$y = b_0 + b_1 x_1 + \cdots + b_n x_n + e \tag{1.9}$$

其中，b_0 为常数项，b_1、$b_2 \cdots b_n$ 为回归系数，e 为误差平方。

多元线性回归模型的参数估计，同一元线性回归方程一样，要求误差平方和($\sum e$)为最小的前提下，用最小二乘法求解系数。

(2)非线性回归

当多个自变量与因变量之间是非线性关系时，需要将因变量与自变量进行曲线估计，曲线估计是一种对于线性模型、二次项模型、复合模型的处理方法，然后用最小二乘法求解系数。

1.8 技术路线

本研究的技术路线如图 1.3 所示。

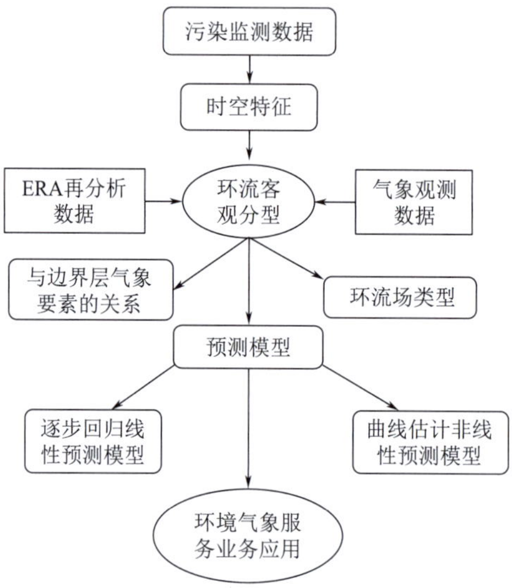

图 1.3 技术路线

第 2 章　乌海及周边地区 O_3 浓度超标变化特征

2.1　O_3 浓度超标总体情况

2015—2021 年乌海及周边地区 O_3 浓度超标现象一般出现在 4—9 月(图 2.1),主要集中在 5—8 月,6 月和 7 月 O_3 浓度超标最严重。O_3 浓度超标主要以轻度污染为主,中度污染的占比很小,均不到 2%,重度污染及以上没有出现过。

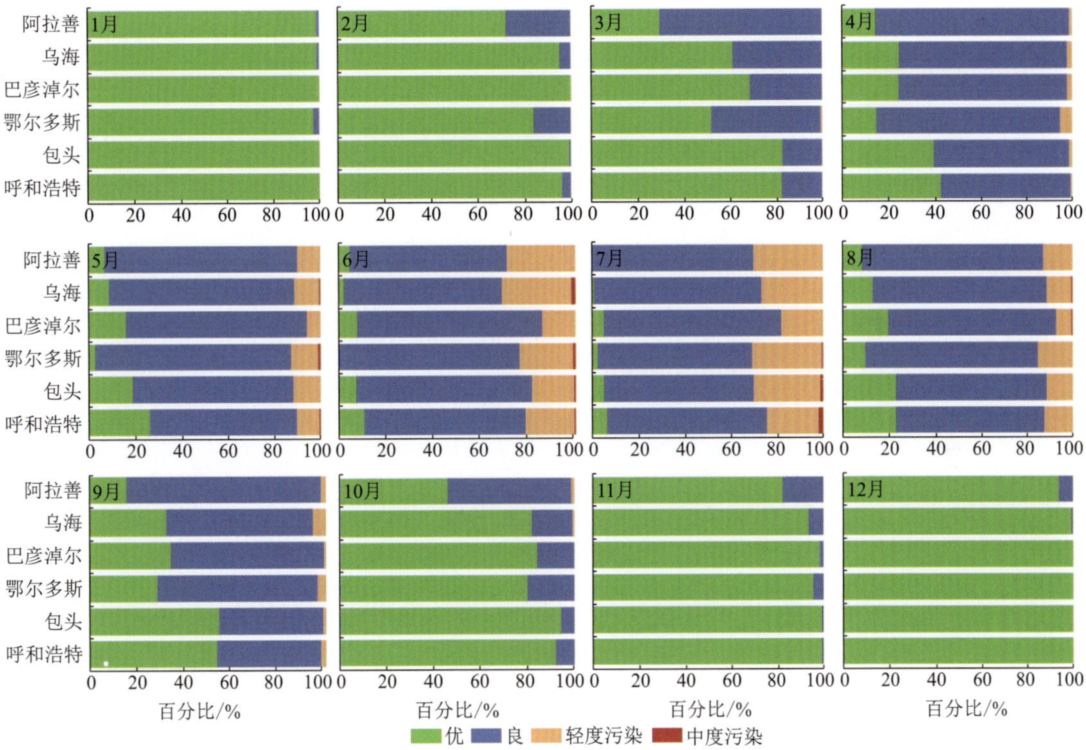

图 2.1　2015—2021 年乌海及周边地区 6 个盟(市)O_3-8 h 浓度逐月分级百分比

6 月除了阿拉善、巴彦淖尔没有出现 O_3 中度污染,其他城市均出现了总天数 2%以下的 O_3 中度污染;阿拉善和乌海 O_3 轻度污染占总天数的比例接近 30%。7 月 O_3 中度污染主要出现在鄂尔多斯、包头、呼和浩特,其他盟(市)均是轻度污染,鄂尔多斯和阿拉善的 O_3 轻度污染占比超过了总天数的 30%。乌海 O_3 轻度污染最大占比出现在 6 月,其他盟(市)均出现在 7 月。

O_3 轻度污染以鄂尔多斯最多,阿拉善和乌海次之,但相差不大,中度污染以呼和浩特最多,乌海和鄂尔多斯次之,阿拉善没有中度污染。

2.2 O_3 浓度超标的时间变化

2.2.1 年变化特征

由图 2.2 可以看出，乌海及周边地区 6 个盟(市)的年平均 $O_{3-}8$ h 浓度逐年变化波动较小，基本维持在 100 μg・m^{-3} 左右，6 个盟(市)$O_{3-}8$ h 浓度第 75 百分位值基本呈先增后减的变化趋势，乌海和呼和浩特在 2019 年达到最高，其他盟(市)在 2018 年达到最高，乌海和呼和浩特在 2015 年最低，其他盟(市)在 2020 年达最低。$O_{3-}8$ h 浓度极大值基本逐年呈现先增后减的趋势，极小值基本呈增加趋势。

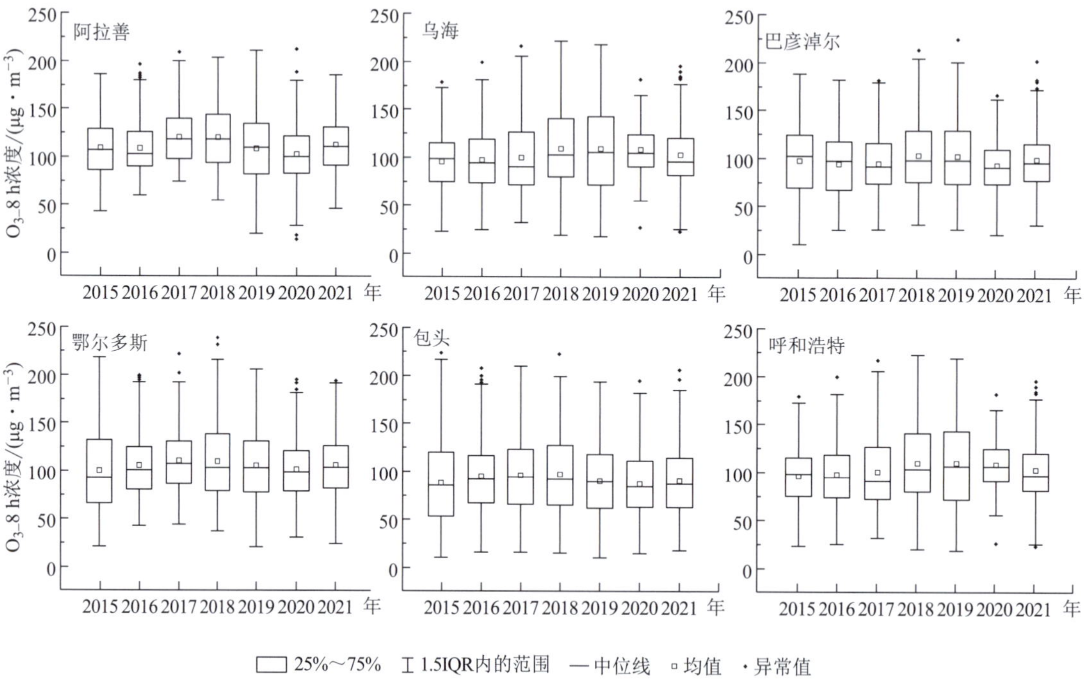

图 2.2　2015—2021 年乌海及周边地区 6 个盟(市)$O_{3-}8$ h 浓度年变化

乌海及周边地区 6 个盟(市)$O_{3-}8$ h 浓度第 90 百分位值和 O_3 浓度超标天数的逐年变化趋势一致(图 2.3)，乌海、呼和浩特呈现先增后减再增的变化趋势，呼和浩特在 2017 年达到峰值，$O_{3-}8$ h 浓度第 90 百分位值和 O_3 浓度超标天数分别为 164.8 μg・m^{-3} 和 41 d，乌海在 2018 年达到峰值，分别为 177.4 μg・m^{-3} 和 39 d。阿拉善、巴彦淖尔、鄂尔多斯、包头变化呈“W”型的变化趋势。阿拉善、鄂尔多斯、包头均在 2018 年达到峰值，$O_{3-}8$ h 浓度第 90 百分位值和 O_3 浓度超标天数分别为 165.1 μg・m^{-3} 和 49 d、163 μg・m^{-3} 和 40 d、158 μg・m^{-3} 和 31 d；巴彦淖尔在 2019 年达到峰值，分别为 151 μg・m^{-3} 和 26 d。6 个盟(市)均在 2020 年达到谷值，可能与政府加强环境治理有关。

6 个盟(市)中鄂尔多斯的累计 O_3 浓度超标天数最多为 191 d，其次是乌海和阿拉善，巴彦淖尔的累计 O_3 浓度超标天数最少为 84 d，约为鄂尔多斯的 1/2。$O_{3-}8$ h 浓度第 90 百分位值乌海最高为 177.4 μg・m^{-3}，巴彦淖尔最低为 134.0 μg・m^{-3}。

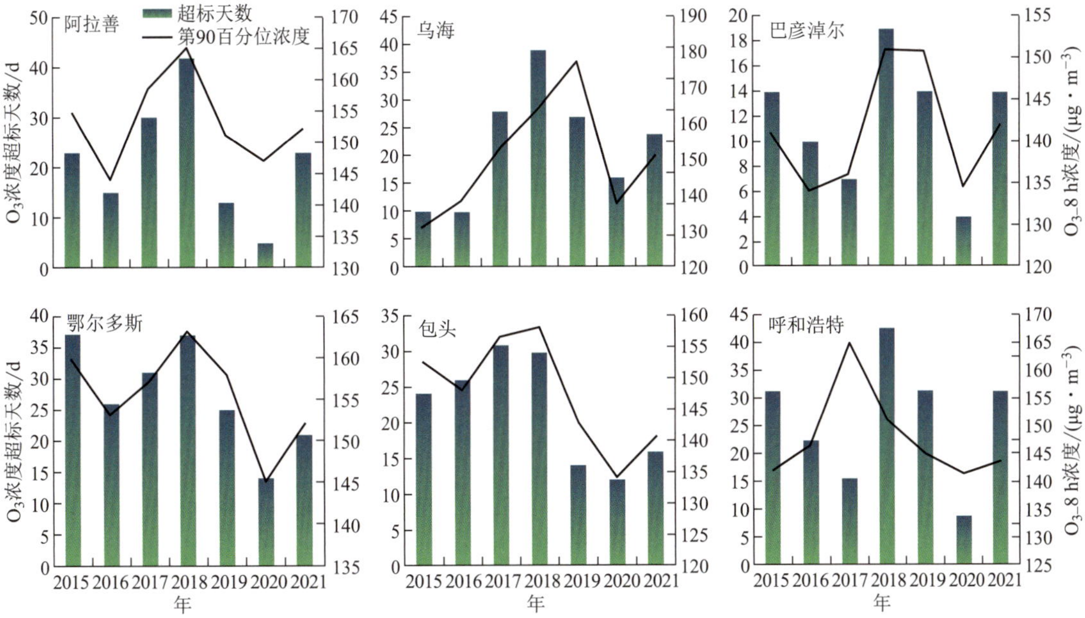

图 2.3　2015—2021 年乌海及周边地区 6 个盟(市)O_3 浓度超标天数和 $O_{3-}8$ h 浓度第 90 百分位值年变化

2.2.2　月、季变化特征

6 个盟(市)$O_{3-}8$ h 浓度第 90 百分位值和 O_3 浓度超标率的逐月变化趋势一致(图 2.4),均是“单峰”型,在 6 月和 7 月达到峰值。乌海在 6 月达到峰值,但 6 月和 7 月相差不大,其他盟(市)在 7 月达到峰值。阿拉善和乌海的年 O_3 浓度超标率均在 7%以上,乌海年 O_3 浓度超标率最多为 7.3%。

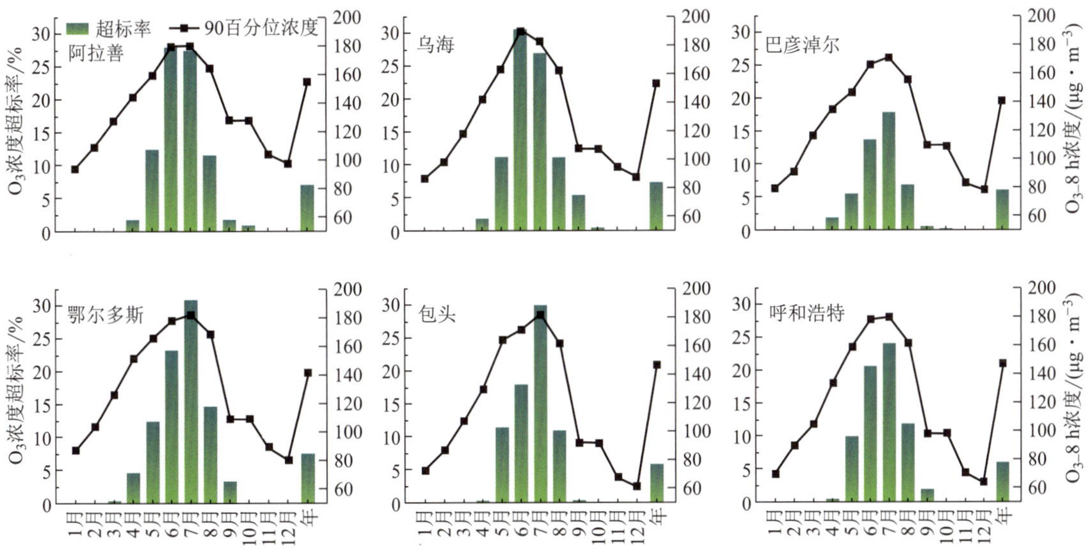

图 2.4　2015—2021 年乌海及周边地区 6 个盟(市)O_3 浓度超标率和 $O_{3-}8$ h 浓度第 90 百分位值逐月变化

6—8 月 6 个盟(市)$O_{3-}8$ h 浓度第 90 百分位值均在 160 $\mu g \cdot m^{-3}$ 以上,5 月只有包头、乌海和鄂尔多斯在 160 $\mu g \cdot m^{-3}$ 以上,1—2 月、11—12 月 6 个盟(市)$O_{3-}8$ h 浓度第 90 百分位值都在 100 $\mu g \cdot m^{-3}$ 以下,除了包头、呼和浩特 12 月 $O_{3-}8$ h 浓度第 90 百分位值最低外,其他盟(市)均是 1 月最低。

6 个盟(市)$O_{3-}8$ h 浓度第 90 百分位值在夏季最高,春季次之,冬季最低(图 2.5);夏季的 6 个盟(市)$O_{3-}8$ h 浓度第 90 百分位值均在 160 $\mu g \cdot m^{-3}$ 以上,乌海最高为 178 $\mu g \cdot m^{-3}$,巴彦淖尔最低为 165.8 $\mu g \cdot m^{-3}$。冬季除阿拉善以外,均在 100 $\mu g \cdot m^{-3}$ 以下。O_3 浓度超标率主要集中在夏季,鄂尔多斯最高为 22.7%,乌海次之,巴彦淖尔最低为 12.9%。冬季没有出现 O_3 浓度超标情况,春季和秋季 O_3 浓度超标率明显减少。

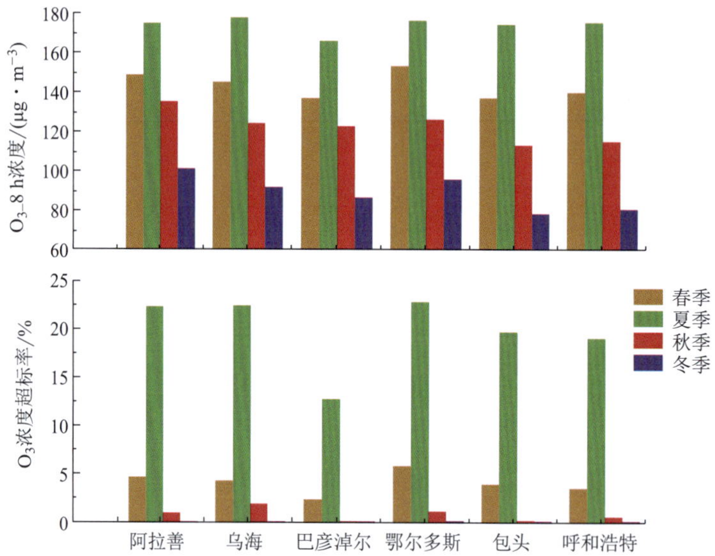

图 2.5　2015—2021 年乌海及周边地区 6 个盟(市)O_3 浓度超标率和 $O_{3-}8$ h 浓度第 90 百分位值四季变化

2.2.3　日变化特征

乌海及周边地区 6 个盟(市)的 CO、NO_2、SO_2、O_3(气体污染物)浓度春季日变化分布见图 2.6,各气体污染物浓度均存在明显的日变化特征,呈"单峰单谷"型,其中 NO_2 浓度呈双峰型。但波峰波谷出现的时间不同,O_3 浓度波峰出现在 16 时左右,其中鄂尔多斯出现在 17 时,基本与出现最高气温的时间一致或偏晚 1 h。O_3 浓度波谷出现在 07—08 时,和最低气温出现的时间较为一致。CO、NO_2、SO_2 浓度的日变化与 O_3 浓度日变化呈反位相分布,出现波谷的时间与 O_3 浓度出现波峰的时间一致。

SO_2 浓度和 CO 浓度出现波谷的时间比 O_3 浓度出现波峰的时间依次推后 1～2 h,SO_2 浓度和 CO 浓度出现波峰的时间比 O_3 浓度出现波谷的时间依次推后 1～2 h。

NO_2 浓度出现波谷的时间比 O_3 浓度出现波峰的时间提前 2 h 左右,NO_2 浓度出现波峰的时间与 O_3 浓度出现波谷的时间基本一致。NO_2 浓度夜间出现第二个峰值,巴彦淖尔 NO_2 浓度夜间的第二峰值大于第一个峰值,阿拉善 NO_2 浓度夜间的第二峰值小于第一个峰值,其他城市两个峰值相近。

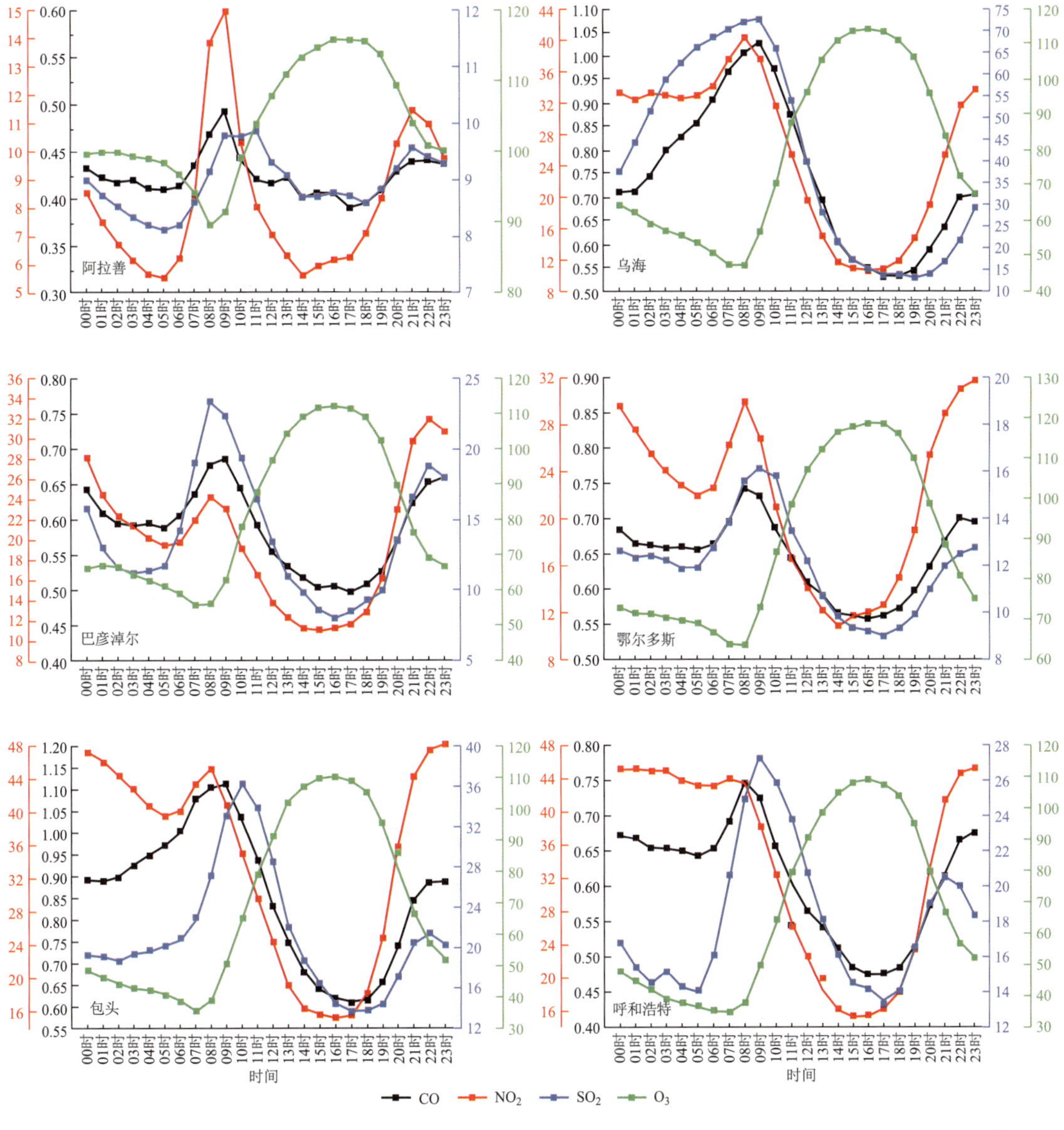

图 2.6　2015—2021 年乌海及周边地区 6 个盟(市)各气体污染物浓度春季日变化(单位:μg・m^{-3})

乌海及周边地区 6 个盟(市)夏季(图 2.7)O_3 浓度波峰出现在 14—17 时,比出现最高气温的时间偏早。O_3 浓度波谷各城市出现在 07 时,只有阿拉善出现在 08 时,和最低气温出现的时间较为一致。SO_2 浓度和 CO 浓度出现波谷的时间比 O_3 浓度出现波峰的时间依次推后 4～5 h,SO_2 浓度和 CO 浓度出现波峰的时间比 O_3 浓度出现波谷的时间依次推后 0～2 h。

NO_2 浓度出现波谷的时间与 O_3 浓度出现波峰的时间基本一致,NO_2 浓度出现波峰的时间与 O_3 浓度出现波谷的时间也基本一致。NO_2 浓度夜间出现第二个峰值,小于第一个峰值,但巴彦淖尔、鄂尔多斯、包头夜间出现 NO_2 浓度第二峰值高于第一峰值的情况。

乌海及周边地区 6 个盟(市)秋季(图 2.8)O_3 浓度波峰出现在 15—16 时,与出现最高气温的时间一致。O_3 浓度波谷出现在 08 时,只有阿拉善出现在 09 时,和最低气温出现的时间较为一致。SO_2 浓度和 CO 浓度出现波谷的时间比 O_3 浓度出现波峰的时间依次推后 2～3

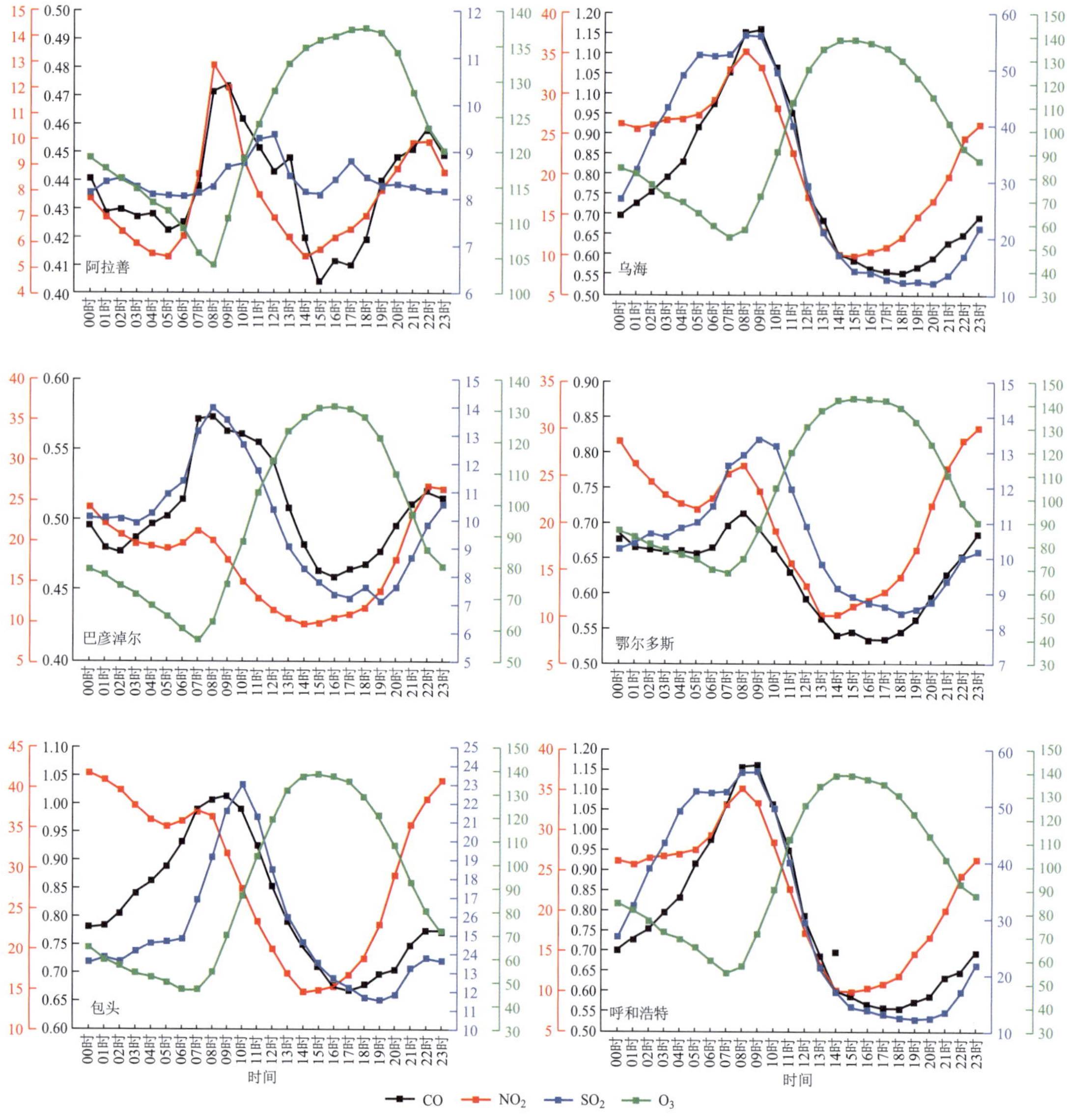

图 2.7　2015—2021 年乌海及周边地区 6 个盟(市)各气体污染物浓度夏季日变化(单位:μg·m^{-3})

h,SO_2 浓度和 CO 浓度出现波峰的时间比 O_3 浓度出现波谷的时间依次推后 0～2 h。

NO_2 浓度出现波谷的时间比 O_3 浓度出现波峰的时间早 1～2 h,NO_2 浓度第一波峰的时间与 O_3 浓度波谷的时间也基本一致。NO_2 浓度在夜间出现第二个峰值,且大于第一个峰值,但阿拉善、乌海夜间出现 NO_2 第二峰值低于第一峰值的情况。

乌海及周边地区 6 个盟(市)冬季(图 2.9)O_3 浓度波峰出现在 15—16 时,与最高气温的出现时间一致。O_3 浓度波谷各城市出现在 08—09 时,和最低气温出现的时间较为一致。

SO_2 浓度和 CO 浓度出现波谷的时间比 O_3 浓度出现波峰的时间依次推后 2～3 h,SO_2 浓度和 CO 浓度出现波峰的时间比 O_3 浓度出现波谷的时间依次推后 1～2 h。

NO_2 浓度出现波谷的时间比 O_3 浓度出现波峰的时间早 1～2 h,NO_2 浓度凌晨出现第一

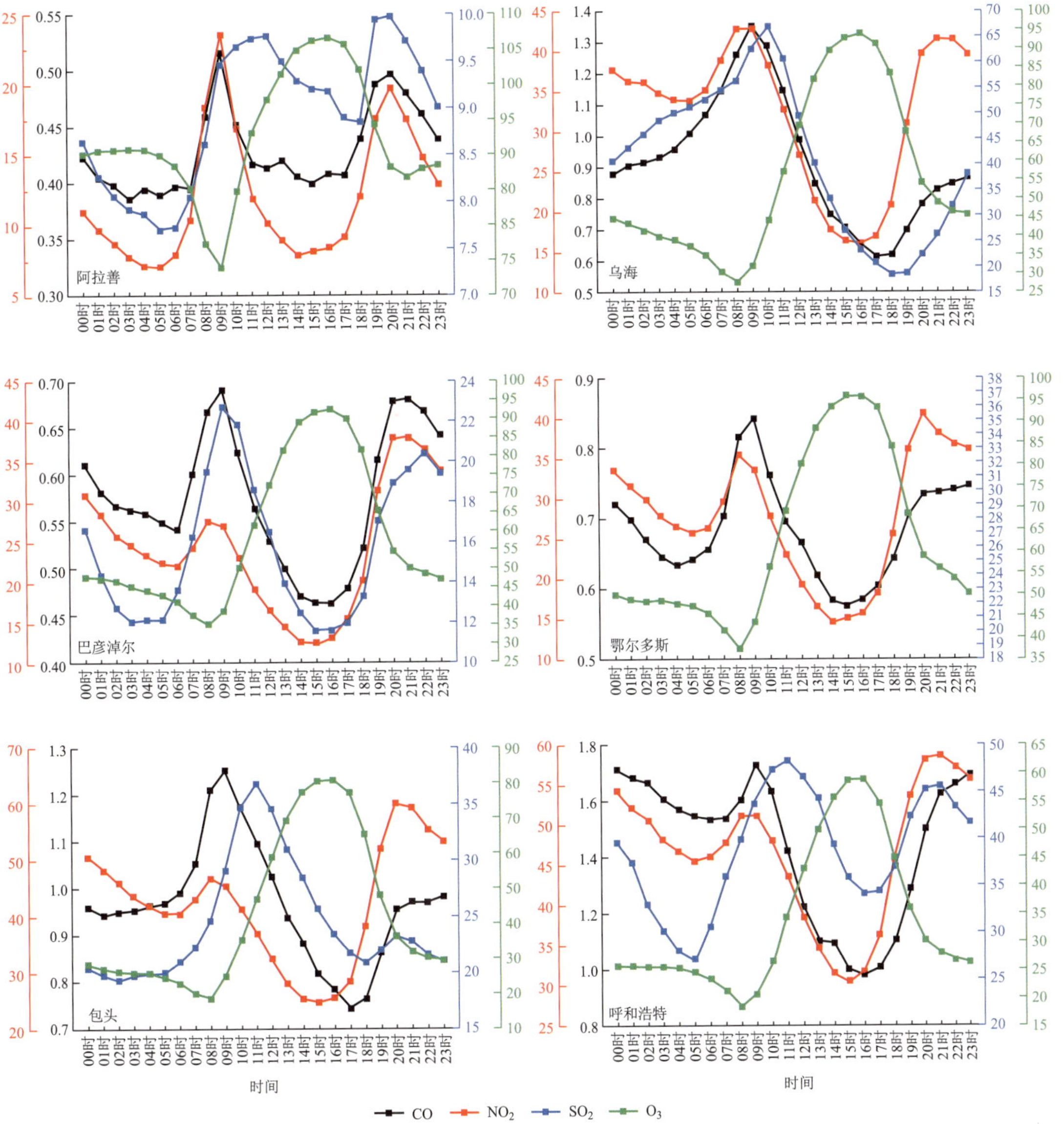

图 2.8　2015—2021 年乌海及周边地区 6 个盟(市)各气体污染物浓度秋季日变化(单位:$\mu g \cdot m^{-3}$)

波峰的时间与 O_3 浓度出现波谷的时间也基本一致。NO_2 浓度出现的夜间第二个峰值,大于第一个峰值,但阿拉善、乌海夜间出现 NO_2 浓度第二峰值低于第一峰值的情况。

4 个季节 CO、NO_2、SO_2、O_3 浓度均存在明显的日变化特征,O_3 浓度呈“单峰单谷”型,峰值出现在下午 15—16 时,和最高气温出现的时间一致,波谷出现在 07—09 时,和最低气温出现的时间一致,气温的最高、最低值出现时间随着季节略有变化。

CO、NO_2、SO_2 浓度的日变化与 O_3 浓度日变化呈反位相分布,出现波峰波谷的具体时间略有变化。SO_2 浓度和 CO 浓度出现波谷的时间比 O_3 浓度出现波峰的时间依次推后 0～3 h,SO_2 浓度和 CO 浓度出现波峰的时间比 O_3 浓度出现波谷的时间依次推后 1～3 h,夏季推迟 4～5 h。

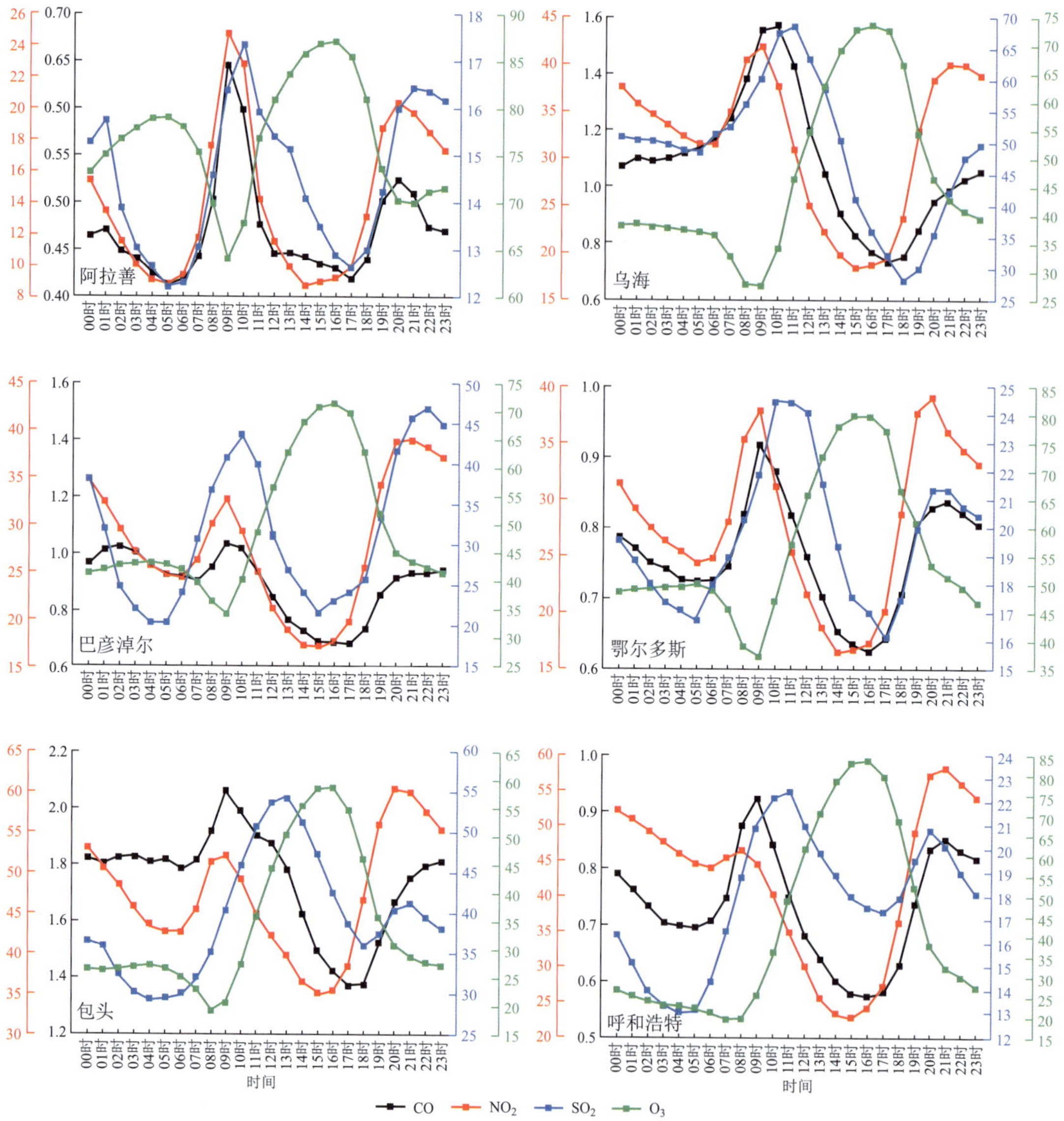

图 2.9　2015—2021 年乌海及周边地区 6 个盟(市)各气体污染物浓度冬季日变化(单位:μg·m^{-3})

NO_2 浓度的日变化“双峰型”在早晨 07—08 时出现第一峰值，在夜间出现第二峰值，阿拉善 4 个季节都是第一峰值大于第二峰值，其他城市一般第二峰值大于第一峰值，特别是冬季。第一个峰值时刚好是交通早高峰，车辆尾气排放量较大。这是由于城市机动车尾气排放导致 NO 浓度增加，并发生式(2.1)反应，NO 被 O_3 等大气光化学氧化剂氧化为 NO_2。随着光照的增强，光化学转化速率加快，O_3 浓度快速升高(式(2.1)～式(2.3))。

$$NO+O_3 \longrightarrow NO_2+O_2 \tag{2.1}$$

$$NO_2+hv \longrightarrow NO+O \tag{2.2}$$

$$O+O_2 \longrightarrow O_3 \tag{2.3}$$

NO_2 浓度第一峰值出现时间和 O_3 浓度的波谷时间一致，波谷出现的时间和 O_3 浓度的波峰时间峰值推迟 0～2 h，光化学反应需要一定的时间。

2.2.4　O_3 浓度超标持续时间特征

乌海及周边地区 6 个盟（市）O_3 浓度超标持续天数主要以 1 d 为主，占比多在 50%以上，巴彦淖尔占比最高可达 75%，阿拉善最低为 45%。持续 1～3 d 的占比可达 85%以上，乌海占比最高可达 95%。最多持续天数在 5～10 d，呼和浩特最多为 10 d，巴彦淖尔和包头最少，均为 5 d（图 2.10）。

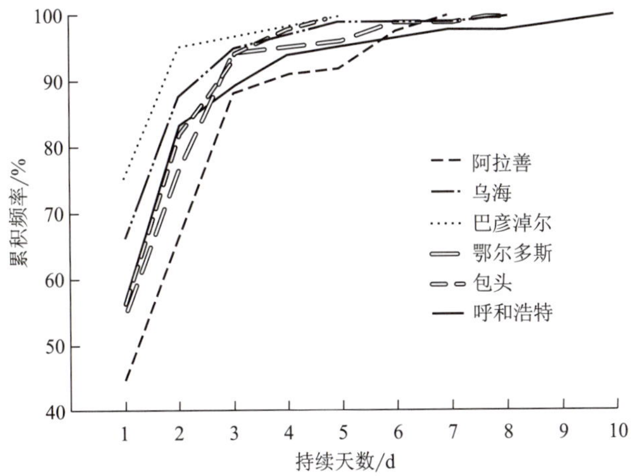

图 2.10　2015—2021 年乌海及周边地区 6 个盟（市）O_3 浓度超标持续天数变化

2.3　O_3 浓度超标空间分布特征

乌海及周边地区 $O_{3-}8$ h 浓度第 90 百分位值逐年空间变化如图 2.11 所示，2015—2017 年呈“中间低、东西高”的分布，巴彦淖尔和乌海的 $O_{3-}8$ h 浓度第 90 百分位值较低，鄂尔多斯、呼和浩特较高。2018 年和 2021 年为“西南高，东北低”的分布，乌海、阿拉善、鄂尔多斯 $O_{3-}8$ h 浓度第 90 百分位值较高，巴彦淖尔、包头较低。2019—2020 年呈“南高北低”的分布。$O_{3-}8$ h 浓度第 90 百分位值逐年分布呈变化态势，东部地区的浓度整体降低，西南部地区的浓度整体升高。

乌海及周边地区 $O_{3-}8$ h 浓度第 90 百分位值逐月空间变化如图 2.12 所示，4 月、6 月、9 月呈“西南高，东北低”的分布，乌海、阿拉善、鄂尔多斯 $O_{3-}8$ h 浓度第 90 百分位值较高，巴彦淖尔、包头、呼和浩特较低。5 月、7 月、8 月呈“中间低、东西高”的分布，巴彦淖尔的 $O_{3-}8$ h 浓度第 90 百分位值低，其他盟（市）较高。

乌海及周边地区 O_3 浓度超标天数逐月空间变化如图 2.13 所示，O_3 浓度超标天数 4 月、9 月呈“东南部高，其他低”分布，鄂尔多斯、乌海较多，其他盟（市）较少。

5—6 月均呈“中间低、东西高”分布，呼和浩特、包头 O_3 浓度超标天数最多，巴彦淖尔最少。7—8 月主要是鄂尔多斯超标天数较多，其他均较少。

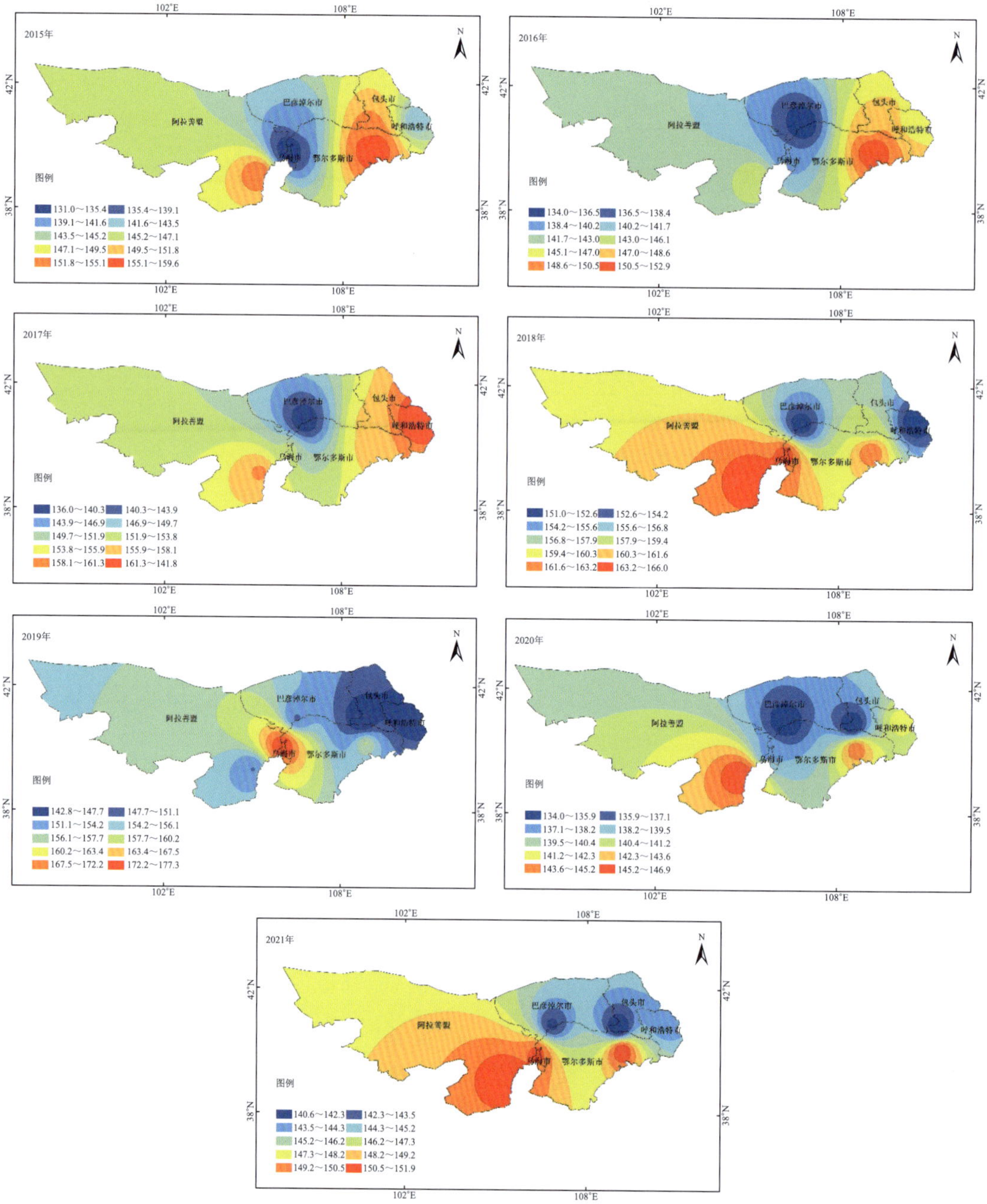

图 2.11 乌海及周边地区 O_{3-}8 h 浓度第 90 百分位值逐年空间变化(单位:$\mu g \cdot m^{-3}$)

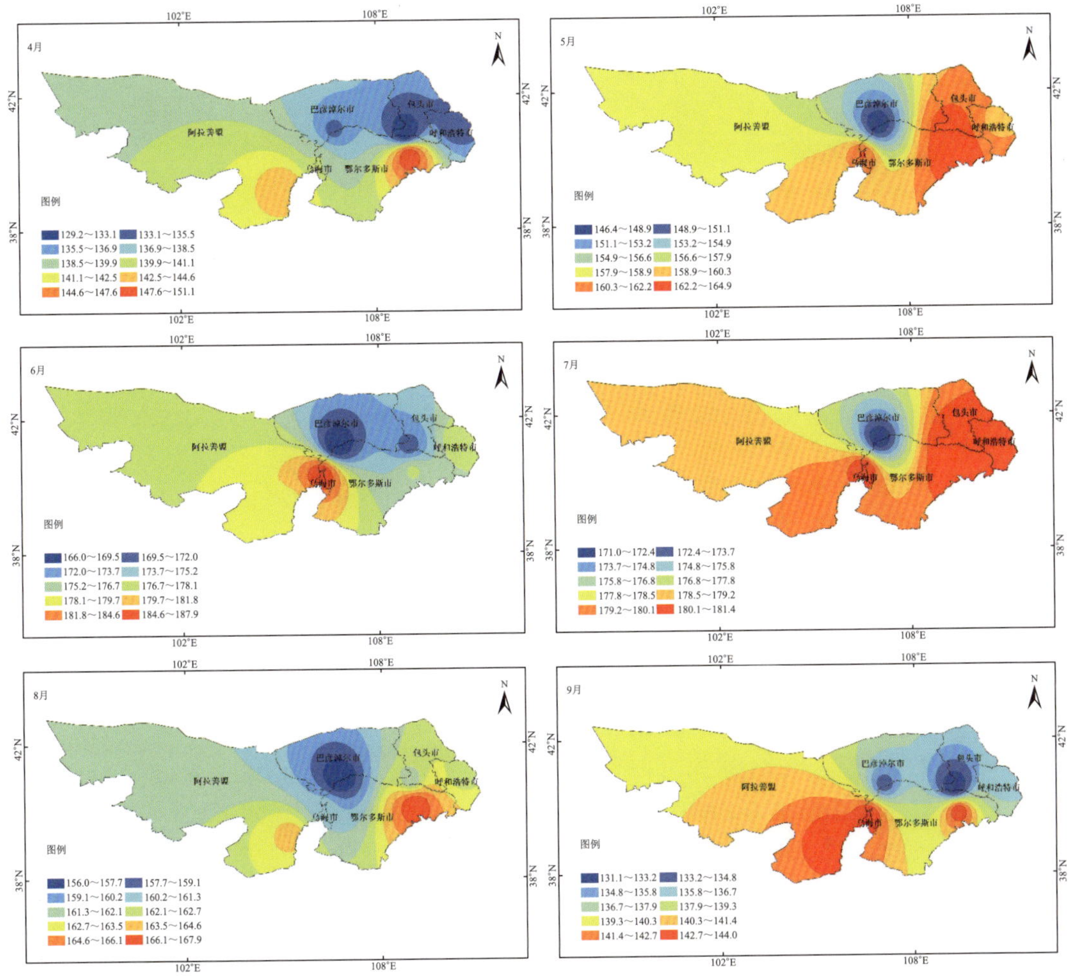

图 2.12　2015—2021 年 4—9 月乌海及周边地区 O_3-8 h 浓度第 90 百分位值空间变化

（单位：$\mu g \cdot m^{-3}$）

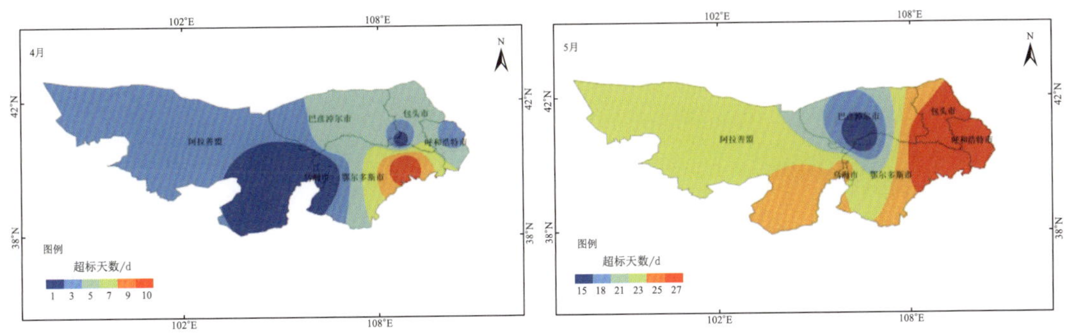

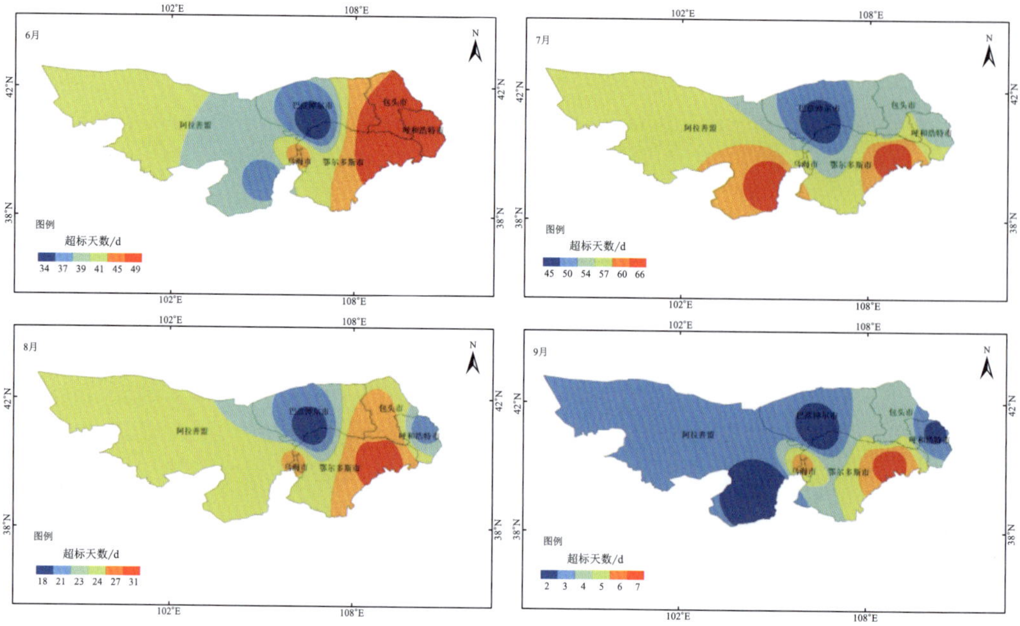

图 2.13 2015—2021 年 4—9 月乌海及周边地区 O_3 浓度超标天数空间变化

2.4 小结

① 乌海及周边地区 6 个盟(市)O_3 浓度超标一般出现在 4—9 月，主要集中在 5—8 月，6 月和 7 月 O_3 浓度超标最严重，主要以轻度污染为主，中度污染的占比很小，重度污染及以上没有出现过。轻度污染以鄂尔多斯最多，阿拉善和乌海次之，但相差不大；中度污染以呼和浩特最多，乌海和鄂尔多斯次之，阿拉善盟没有中度污染。

② O_{3-}8 h 浓度逐年变化波动较小，极大值、极小值呈增加趋势；乌海、呼和浩特 O_{3-}8 h 浓度第 90 百分位值和 O_3 浓度超标天数呈先增后减再增的变化趋势，其他盟(市)变化趋势呈“W”型，出现峰值的年份不同，谷值均在 2020 年，可能与政府环境治理有关；鄂尔多斯的累计 O_3 浓度超标天数最多，其次是乌海和阿拉善。

③ O_{3-}8 h 浓度第 90 百分位值和 O_3 浓度超标率的月变化呈“单峰”型，在 6 月和 7 月达到峰值；冬季没有出现 O_3 浓度超标，春季和秋季 O_3 浓度超标率明显降低。

④ 4 个季节 CO、NO_2、SO_2、O_3 浓度均存在明显的日变化特征，O_3 浓度呈“单峰”型，峰值出现在下午 15—16 时，波谷出现在 07—09 时，和气温的日变化一致。CO、NO_2、SO_2 浓度的日变化与 O_3 浓度日变化呈反位相分布，SO_2 浓度和 CO 浓度波谷比 O_3 浓度波峰推后 0～3 h，SO_2 浓度和 CO 浓度波峰比 O_3 浓度波谷推后 1～3 h，夏季推迟 4～5 h。NO_2 浓度的日变化呈“双峰型”，NO_2 浓度第一峰值和 O_3 浓度的波谷时间一致，NO_2 浓度波谷时间比 O_3 浓度波峰时间推迟 0～2 h，光化学反应需要一定的时间。

⑤ O_3 浓度超标持续天数主要以 1～3 d 为主，最多持续天数为 10 d，出现在呼和浩特。

⑥ O_{3-}8 h 浓度第 90 百分位值空间分布呈变化态势，北部地区的浓度整体较低，南部地区的浓度整体升高。O_3 浓度超标天数整体呈西南部多东北少的分布，以鄂尔多斯最多，巴彦淖尔最少。

第 3 章　O_3 与其他污染物浓度及气象要素相关性

使用 O_3 和其他气体逐小时浓度数据计算相关系数;并做双侧 t 检验,且均通过了显著性水平 $P=0.01$ 的显著性检验。

3.1　O_3 浓度与其他污染物浓度的相关性

3.1.1　O_3 浓度与 NO_2 浓度的相关性

由表 3.1 可知,O_3 浓度与 NO_2 浓度呈负相关,相关系数在 −0.742～−0.290,相关性从西到东增强,呼和浩特的相关性最强,相关系数为 −0.742,阿拉善的相关性最弱,相关系数为 −0.290。阿拉善和乌海 NO_2 浓度对滞后 3 h 的 O_3 浓度影响最大,其他各城市均是滞后 4 h 的影响最大,与发生光化学反应需要一定的时间有关。

表 3.1　O_3 浓度与 NO_2 浓度的相关系数

时间	阿拉善	乌海	巴彦淖尔	鄂尔多斯	包头	呼和浩特
同时	−0.290**	−0.531**	−0.412**	−0.409**	−0.556**	−0.575**
滞后 1 h	−0.315**	−0.595**	−0.484**	−0.484**	−0.628**	−0.648**
滞后 2 h	−0.330**	−0.633**	−0.539**	−0.541**	−0.679**	−0.704**
滞后 3 h	−0.334**	−0.642**	−0.574**	−0.574**	−0.706**	−0.736**
滞后 4 h	−0.326**	−0.621**	−0.586**	−0.583**	−0.708**	−0.742**
滞后 5 h			−0.574**	−0.564**	−0.684**	−0.718**

注:* * 表示通过了 $P=0.01$ 的显著性检验,* 表示通过了 $P=0.05$ 的显著性检验。

3.1.2　O_3 浓度与 SO_2 浓度的相关性

由表 3.2 可知,O_3 浓度与 SO_2 浓度呈负相关,相关系数在 −0.495～−0.184。包头的相关性最强,相关系数为 −0.495,阿拉善盟的相关性最弱,相关系数为 −0.184。巴彦淖尔 SO_2 浓度对滞后 2 h 的 O_3 浓度影响最大,包头、呼和浩特对同时次的 O_3 浓度影响最大,其他盟(市)均是对滞后 1 h 的 O_3 浓度影响最大。

表 3.2　O_3 浓度与 SO_2 浓度的相关系数

时间	阿拉善	乌海	巴彦淖尔	鄂尔多斯	包头	呼和浩特
同时	−0.188**	−0.426**	−0.448**	−0.376**	−0.495**	−0.444**
滞后 1 h	−0.188**	−0.438**	−0.465**	−0.382**	−0.481**	−0.431**
滞后 2 h	−0.184**	−0.428**	−0.470**	−0.378**		
滞后 3 h			−0.463**			

注:* * 表示通过了 $P=0.01$ 的显著性检验,* 表示通过了 $P=0.05$ 的显著性检验。

3.1.3 O_3 浓度与 CO 浓度的相关性

由表 3.3 可知，O_3 浓度与 CO 浓度呈负相关，包头相关性最强，相关系数为－0.619，阿拉善的相关性较弱，相关系数，为－0.160。CO 浓度对 O_3 浓度的影响有一定的滞后性，乌海和包头是滞后 2 h 影响最大，其他盟(市)均是滞后 3 h 影响最大。

表 3.3 O_3 浓度与 CO 浓度的相关系数

时间	阿拉善	乌海	巴彦淖尔	鄂尔多斯	包头	呼和浩特
同时	－0.160**	－0.541**	－0.340**	－0.284**	－0.597**	－0.545**
滞后 1 h	－0.173**	－0.568**	－0.369**	－0.321**	－0.617**	－0.568**
滞后 2 h	－0.178**	－0.572**	－0.388**	－0.343**	－0.619**	－0.583**
滞后 3 h	－0.178**	－0.552**	－0.395**	－0.347**	－0.605**	－0.585**
滞后 4 h	－0.172**		－0.389**	－0.334**		－0.574**

注：** 表示通过了 $P=0.01$ 的显著性检验，* 表示通过了 $P=0.05$ 的显著性检验。

3.1.4 O_3 浓度与 PM_{10} 浓度的相关性

由表 3.4 可知，O_3 浓度与 PM_{10} 浓度呈负相关，乌海、巴彦淖尔、包头、呼和浩特的相关系数在－0.386～－0.123，阿拉善、鄂尔多斯的相关系数绝对值在 0.1 以下。PM_{10} 浓度对 O_3 浓度的影响也有一定的滞后性。

表 3.4 O_3 浓度与 PM_{10} 浓度的相关系数

时间	阿拉善	乌海	巴彦淖尔	鄂尔多斯	包头	呼和浩特
同时	－0.024**	－0.306**	－0.123**	－0.055**	－0.386**	－0.365**
滞后 1 h	－0.033**	－0.312**	－0.142**	－0.064**	－0.383**	－0.373**
滞后 2 h	－0.040**	－0.299**	－0.154**	－0.061**	－0.369**	－0.375**
滞后 3 h	－0.043**		－0.157**	－0.050**		－0.368**
滞后 4 h	－0.042**		－0.151**			

注：** 表示通过了 $P=0.01$ 的显著性检验，* 表示通过了 $P=0.05$ 的显著性检验。

3.1.5 O_3 浓度与 $PM_{2.5}$ 浓度的相关性

由表 3.5 可知，O_3 浓度与 $PM_{2.5}$ 浓度呈负相关，乌海、巴彦淖尔、包头、呼和浩特的相关系数在－0.453～－0.25，阿拉善、鄂尔多斯的相关系数绝对值在 0.108 以下。$PM_{2.5}$ 浓度对 O_3 浓度的影响也有一定的滞后性。

表 3.5 O_3 浓度与 $PM_{2.5}$ 浓度的相关系数

时间	阿拉善	乌海	巴彦淖尔	鄂尔多斯	包头	呼和浩特
同时	－0.070**	－0.380**	－0.250**	－0.080**	－0.453**	－0.431**
滞后 1 h	－0.086**	－0.391**	－0.277**	－0.089**	－0.446**	－0.438**
滞后 2 h	－0.099**	－0.384**	－0.293**	－0.089**	－0.427**	－0.439**
滞后 3 h	－0.106**		－0.295**	－0.080**		－0.432**
滞后 4 h	－0.108**		－0.283**			
滞后 5 h	－0.105**					

注：** 表示通过了 $P=0.01$ 的显著性检验，* 表示通过了 $P=0.05$ 的显著性检验。

综上所述(图 3.1)：O_3 浓度与 CO、NO_2、SO_2、PM_{10}、$PM_{2.5}$ 浓度均呈负相关，与 NO_2 浓度的相关性最强，除了阿拉善以外，其他城市相关系数的绝对值在 0.5 以上，并有 3～4 h 的滞后性。其次就是 CO 浓度和 SO_2 浓度相关系数的绝对值在 0.6～0.3，SO_2 浓度的滞后性不如 CO 浓度。阿拉善、鄂尔多斯 O_3 浓度与 PM_{10}、$PM_{2.5}$ 浓度的相关性较弱，其他城市 O_3 浓度与 PM_{10}、$PM_{2.5}$ 浓度的相关系数在－0.453～－0.157。可以看出，颗粒物和 O_3 协同治理在乌海及周边地区是适用的，可以为污染物联防联控提供参考依据，但更重要的是要控制 NO_x 的排放。

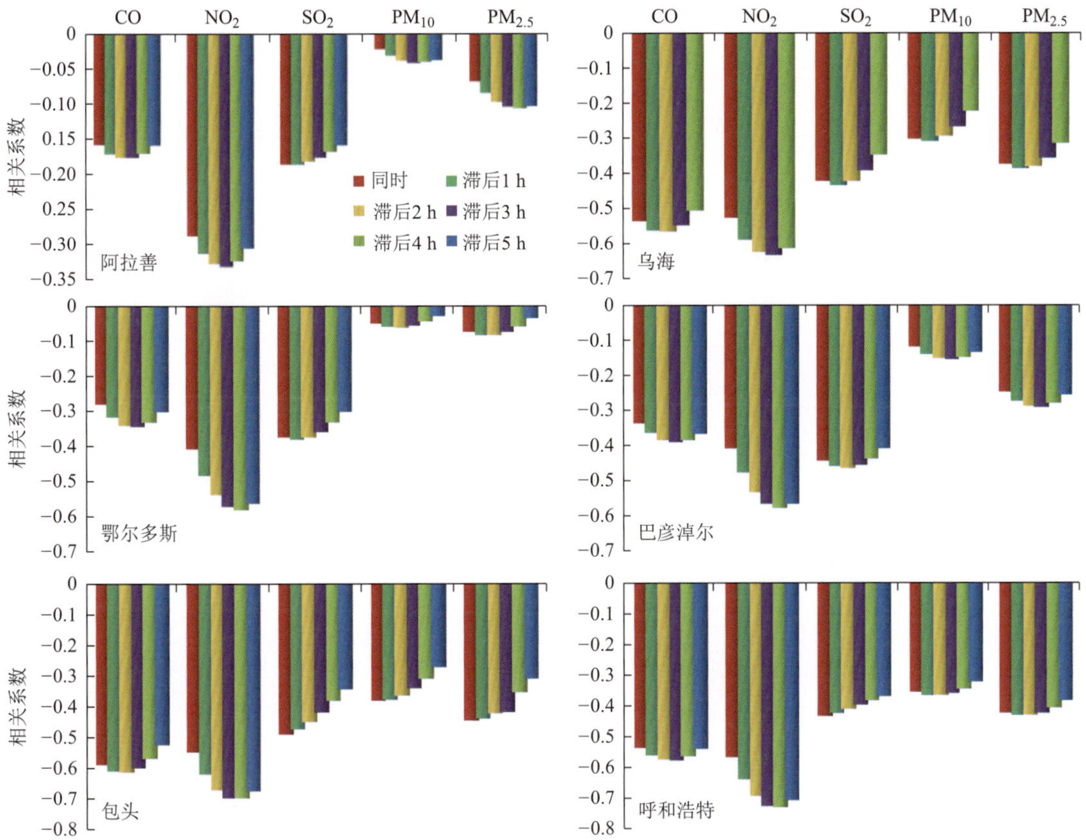

图 3.1　乌海及周边地区 6 个盟(市)O_3 浓度与其他气体浓度的相关系数
(以上相关系数均通过 $P=0.01$ 的显著性检验)

3.2　$O_{3-}8$ h 浓度和气象要素的相关性

为建立预测模型的便捷，分别计算了乌海及周边地区 6 个盟(市)$O_{3-}8$ h 浓度与日平均气压(P)、平均温度(T)、最高气温(T_{max})、最低气温(T_{min})、水汽压(E)、平均相对湿度(RH)、最小相对湿度(RH_{min})、最低能见度(VIS_{min})、2 min 平均风速(FF)、日照时数(S)的相关系数，如图 3.2 所示。$O_{3-}8$ h 浓度与 P、RH、RH_{min} 呈负相关，全年的相关性比分季节的强。而与 T、T_{max}、T_{min}、E、VIS_{min}、FF、S 呈正相关，温度的相关性最强，相关系数在 0.7 以上。风速的相关性较小，可能还与风向有关。

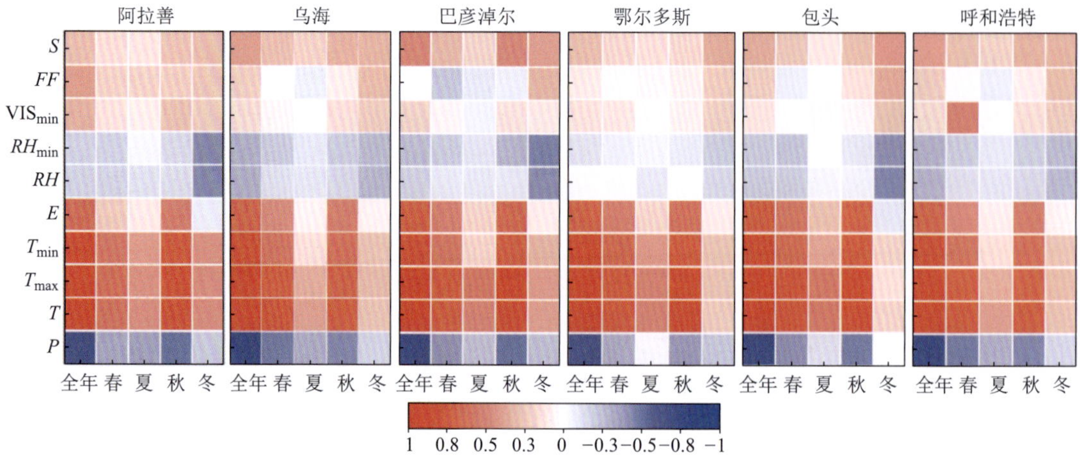

图 3.2 乌海及周边地区 6 个盟(市)不同季节 O_3_8 h 浓度与气象要素的相关系数(色标)
(以上相关系数均通过 P=0.01 的显著性检验)

3.2.1 O_3_8 h 浓度与平均气压的相关性

由表 3.6 可知,O_3_8 h 浓度与平均气压(P)呈负相关,全年的相关性最强,相关系数在 −0.725～−0.625,分季节的相关性减弱。乌海全年、春季的相关性最强,相关系数分别为 −0.725 和 −0.473,阿拉善夏季的相关性最强,相关系数为 −0.356,巴彦淖尔秋季、冬季的相关性最强,相关系数分别为 −0.499 和 −0.244。

表 3.6 O_3_8 h 浓度与平均气压的相关系数

时间	阿拉善	乌海	巴彦淖尔	鄂尔多斯	包头	呼和浩特
全年	−0.647**	−0.725**	−0.713**	−0.625**	−0.719**	−0.666**
春季	−0.339**	−0.473**	−0.415**	−0.319**	−0.422**	−0.350**
夏季	−0.356**	−0.313**	−0.240**	−0.026**	−0.125**	−0.101**
秋季	−0.493**	−0.446**	−0.499**	−0.387**	−0.466**	−0.345**
冬季	−0.212**	−0.175**	−0.244**	−0.220**	−0.011**	−0.019**

注:** 表示通过了 P=0.01 的显著性检验,* 表示通过了 P=0.05 的显著性检验。

由图 3.3 可知,O_3 浓度超标一般发生在低压区,阿拉善平均气压较低,88.4%的 O_3 浓度超标出现在平均气压 835～845 hPa;鄂尔多斯 90.1%的 O_3 浓度超标出现在平均气压 845～855 hPa,乌海 84.2%的 O_3 浓度超标出现在平均气压 880～895 hPa;巴彦淖尔 89.9%的 O_3 浓度超标出现在平均气压 885～895 hPa;包头 91.7%的 O_3 浓度超标出现在平均气压 890～900 hPa;呼和浩特 90.0%的 O_3 浓度超标出现在平均气压 875～885 hPa,从东向西平均气压呈增加趋势。O_3 浓度超标情况下,乌海及周边地区 O_3 浓度超标一般发生地面 835～900 hPa 的低压区。

3.2.2 O_3_8 h 浓度与气温的相关性

由表 3.7、表 3.8、表 3.9 可知,O_3_8 h 浓度与平均气温(T)、最高气温(T_{max})、最低气温(T_{min})均呈正相关,全年相关系数均在 0.783 以上,分季节的相关性略有减弱,特别是冬季减弱的比较明显,春季和秋季的相关性相差不大,大部分相关系数在 0.6 以上。

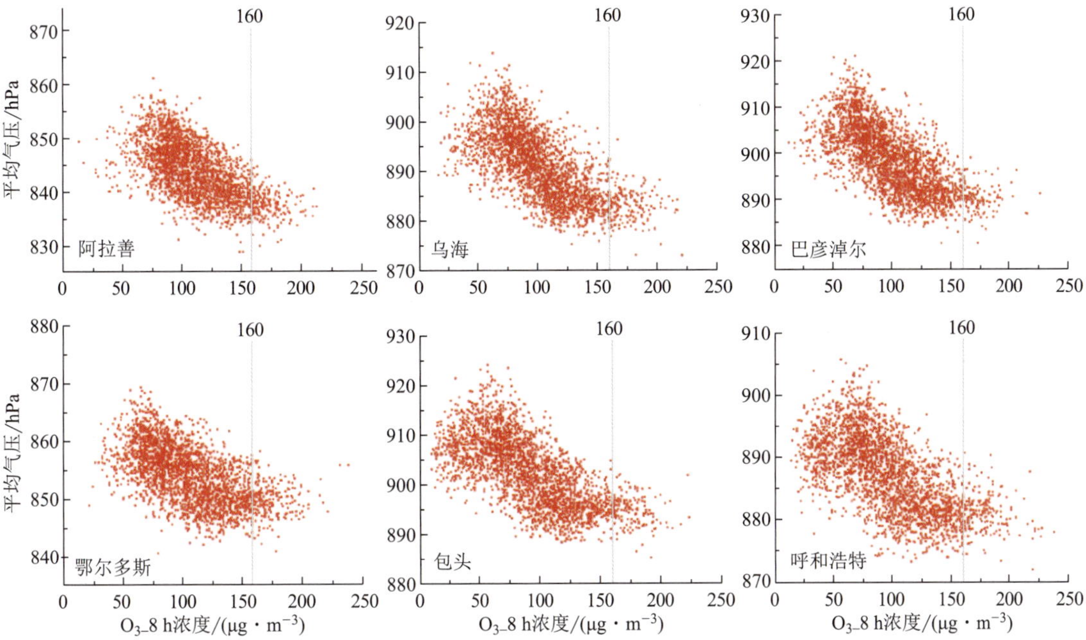

图 3.3　乌海及周边地区 6 个盟(市)O_{3-}8 h 浓度与平均气压分布

O_{3-}8 h 浓度与最高气温的相关性呼和浩特全年、夏季最强，相关系数分别为 0.863 和 0.636；包头春季的相关性最强，相关系数为 0.767；巴彦淖尔秋季相关性最强，相关系数为 0.834；阿拉善冬季的相关性最强，相关系数为 0.466。

O_{3-}8 h 浓度与最低气温的相关性阿拉善全年、夏季、秋季和冬季的相关性均最强，鄂尔多斯春季的相关性最强，乌海和巴彦淖尔夏季的相关系数在 0.2 以下。

表 3.7　O_{3-}8 h 浓度与平均气温的相关系数

时间	阿拉善	乌海	巴彦淖尔	鄂尔多斯	包头	呼和浩特
全年	0.832**	0.825**	0.847**	0.841**	0.852**	0.851**
春季	0.595**	0.736**	0.703**	0.735**	0.760**	0.733**
夏季	0.447**	0.382**	0.490**	0.500**	0.558**	0.585**
秋季	0.762**	0.711**	0.795**	0.814**	0.808**	0.791**
冬季	0.464**	0.266**	0.338**	0.226**	0.186**	0.156**

注：** 表示通过了 $P=0.01$ 的显著性检验，* 表示通过了 $P=0.05$ 的显著性检验。

表 3.8　O_{3-}8 h 浓度与最高气温的相关系数

时间	阿拉善	乌海	巴彦淖尔	鄂尔多斯	包头	呼和浩特
全年	0.830**	0.832**	0.862**	0.847**	0.855**	0.863**
春季	0.603**	0.709**	0.725**	0.720**	0.767**	0.745**
夏季	0.433**	0.341**	0.566**	0.507**	0.550**	0.636**
秋季	0.763**	0.680**	0.834**	0.830**	0.828**	0.825**
冬季	0.466**	0.290**	0.400**	0.252**	0.128**	0.156**

注：** 表示通过了 $P=0.01$ 的显著性检验，* 表示通过了 $P=0.05$ 的显著性检验。

表 3.9　$O_{3-}8$ h 浓度与最低气温的相关系数

时间	阿拉善	乌海	巴彦淖尔	鄂尔多斯	包头	呼和浩特
全年	0.818**	0.783**	0.796**	0.812**	0.808**	0.806**
春季	0.559**	0.580**	0.568**	0.651**	0.635**	0.630**
夏季	0.415**	0.125**	0.178**	0.405**	0.360**	0.299**
秋季	0.763**	0.341**	0.702**	0.716**	0.729**	0.715**
冬季	0.446**	0.261**	0.321**	0.253**	0.189**	0.130**

注：**表示通过了 $P=0.01$ 的显著性检验，*表示通过了 $P=0.05$ 的显著性检验。下同。

T_{max}、T_{min} 与 $O_{3-}8$ h 浓度的相关性显示，以 T_{max} 的相关性最强，最能表征气温与 $O_{3-}8$ h 浓度的关系。为进一步分析 T_{max} 与 $O_{3-}8$ h 浓度的关系，分别统计了 $T_{max}<10$ ℃、10 ℃$\leqslant T_{max}<20$ ℃、20 ℃$\leqslant T_{max}<25$ ℃、25 ℃$\leqslant T_{max}<30$ ℃、30 ℃$\leqslant T_{max}<35$ ℃、$T_{max}\geqslant35$ ℃ 6 个阶段的 O_3 浓度超标率。由图 3.4 可知：阿拉善、乌海、巴彦淖尔、包头 O_3 浓度超标发生在最高气温≥35℃，O_3 浓度超标率除了乌海为 36.8%，其他均在 50%以上，阿拉善最高为 66.7%；呼和浩特、鄂尔多斯 O_3 浓度超标发生在最高气温≥30℃，O_3 浓度超标率在 40%以上。

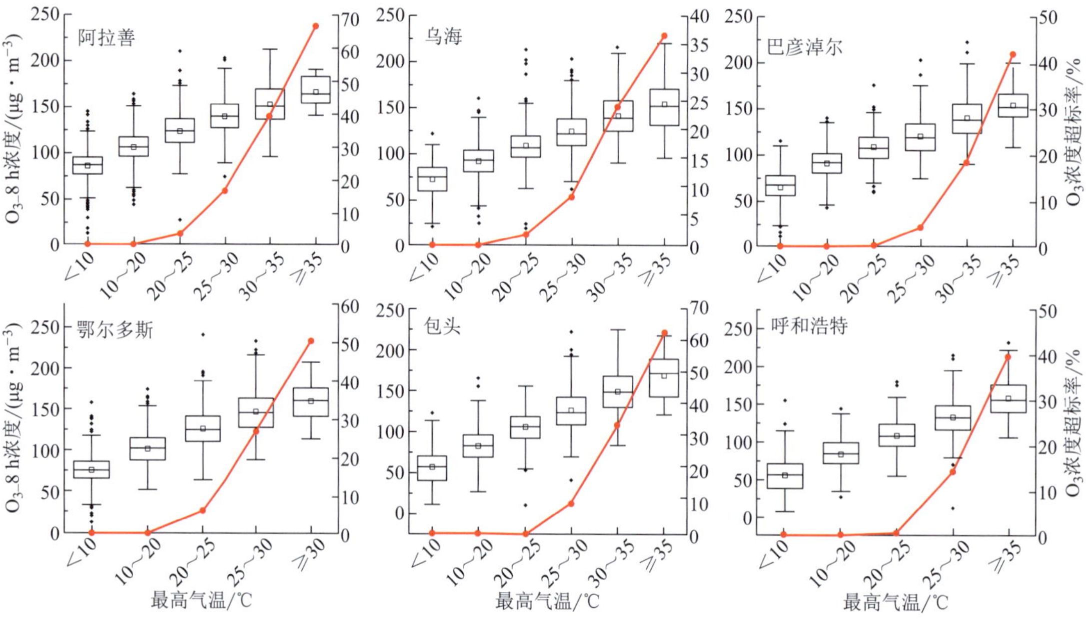

图 3.4　乌海及周边地区 6 个盟(市)$O_{3-}8$ h 浓度、O_3 浓度超标率和最高气温关系
(折线为 O_3 浓度超标率，箱线图为 $O_{3-}8$ h 浓度)

乌海及周边地区 6 个盟(市)最高气温<25 ℃时基本没有 O_3 浓度超标，除了鄂尔多斯 O_3 浓度超标率为 6.4%以外，其他盟(市)的 O_3 浓度超标率均在 4%以下。O_3 浓度超标主要集中在 $T_{max}\geqslant35$ ℃，O_3 浓度超标率均在 35%以上，特别是阿拉善可占近 70%。

3.2.3　$O_{3-}8$ h 浓度与平均相对湿度的相关性

由表 3.10 可知 $O_{3-}8$ h 浓度与平均相对湿度(RH)呈负相关，冬季的相关系性最强，相关系数在−0.45～−0.16，全年和其他季节的相关性明显减弱。

乌海全年、秋季的相关性最强，相关系数分别为−0.297 和−0.164，呼和浩特夏季的相关性最强，相关系数为－0.157，阿拉善春季、冬季的相关性最强，相关系数分别为－0.172 和－0.432。

表 3.10　O_{3-}8 h 浓度与平均相对湿度的相关系数

时间	阿拉善	乌海	巴彦淖尔	鄂尔多斯	包头	呼和浩特
全年	－0.171**	－0.297**	－0.181**	－0.019**	－0.195**	－0.125**
春季	－0.172**	－0.130**	－0.092**	－0.023**	－0.191**	－0.152**
夏季	－0.126**	－0.110**	－0.098**	－0.101**	－0.044**	－0.157**
秋季	－0.135**	－0.164**	－0.088**	－0.014**	－0.058**	－0.025**
冬季	－0.432**	－0.275**	－0.420**	－0.162**	－0.450**	－0.374**

注：** 表示通过了 P＝0.01 的显著性检验，* 表示通过了 P＝0.05 的显著性检验。

由于 O_3 浓度超标主要出现在下午，分析逐日 12—18 时的 O_{3-}8 h 浓度与平均相对湿度的关系，由图 3.5 可知，阿拉善 81％的 O_3 浓度超标出现在平均相对湿度≤28％；乌海 80％的 O_3 浓度超标出现在相对湿度≤30％；巴彦淖尔、鄂尔多斯、包头、呼和浩特 O_3 浓度超标出现在相对湿度 15％～45％，巴彦淖尔 O_3 浓度超标在相对湿度 15％～45％的占比最大为 88％，包头占比最小为 70％。

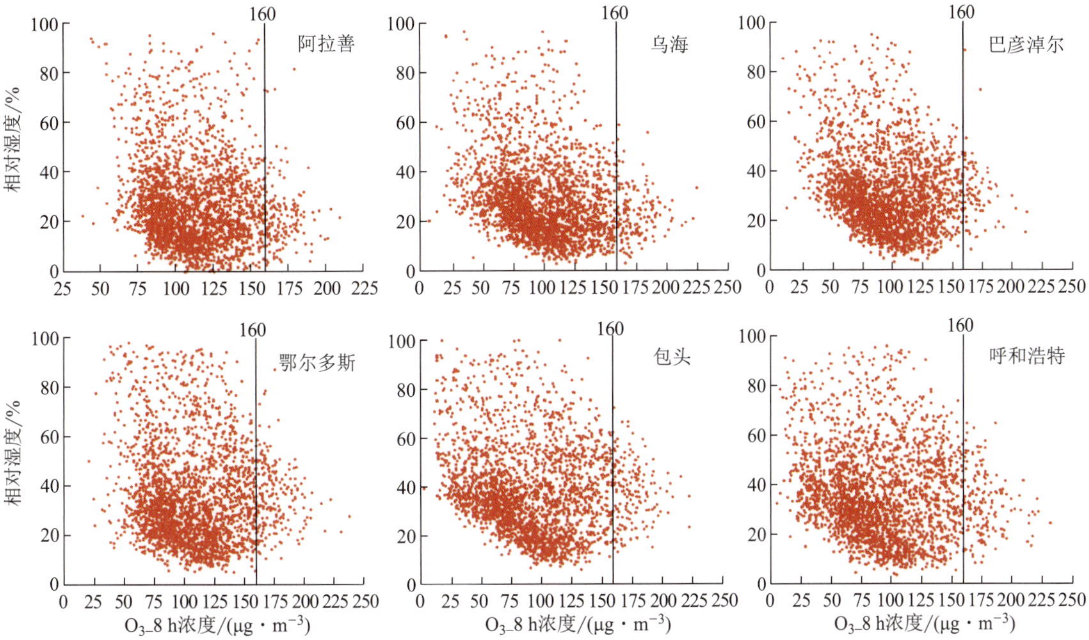

图 3.5　乌海及周边地区 6 个盟(市)下午 O_{3-}8 h 浓度与平均相对湿度分布

在 O_3 浓度超标情况下，乌海及周边地区 12—18 时地面平均相对湿度较低，从西向东基本呈增加趋势，且与当地的年平均湿度有关，在比较干燥的西部地区 O_3 浓度超标时平均相对湿度更低，中部偏西地区相对湿润，O_3 浓度超标时平均相对湿度比西部地区大。

3.2.4　O_{3-}8 h 浓度与最小水平能见度的相关性

由表 3.11 可知 O_{3-}8 h 浓度与最小水平能见度的相关性较小，特别是夏季相关系数绝对值均在 0.1 以下。

表 3.11 O_3-8 h 浓度与最小水平能见度的相关系数

时间	阿拉善	乌海	巴彦淖尔	鄂尔多斯	包头	呼和浩特
全年	0.336**	0.159**	0.191**	0.128**	0.116**	0.269**
春季	0.132**	0.053**	0.054**	0.113**	0.023**	0.215**
夏季	0.084**	−0.017**	−0.048**	−0.027**	−0.025**	0.004**
秋季	0.284**	0.148**	0.121**	0.076**	0.038**	0.212**
冬季	0.230**	0.233**	0.095**	0.227**	0.270**	0.337**

注：** 表示通过了 P=0.01 的显著性检验，* 表示通过了 P=0.05 的显著性检验。

3.2.5 O_3-8 h 浓度与日照时数的相关性

由表 3.12 可知 O_3-8 h浓度与日照时数(S)呈正相关，全年的相关性最强，相关系数绝对值基本在 0.292～0.500，分季节的相关性减弱。巴彦淖尔全年、春季、秋季的相关性最强，相关系数分别为 0.500、0.315 和 0.486，乌海夏季的相关性最强，相关系数为 0.213，包头冬季的相关性最强，相关系数为 0.422。

表 3.12 O_3-8 h 浓度与日照时数的相关系数

时间	阿拉善	乌海	巴彦淖尔	鄂尔多斯	包头	呼和浩特
全年	0.292**	0.411**	0.500**	0.308**	0.348**	0.402**
春季	0.161**	0.291**	0.315**	0.186**	0.260**	0.250**
夏季	0.129**	0.213**	0.197**	0.150**	0.108**	0.208**
秋季	0.264**	0.340**	0.486**	0.180**	0.296**	0.389**
冬季	0.287**	0.334**	0.395**	0.359**	0.422**	0.418**

注：** 表示通过了 P=0.01 的显著性检验，* 表示通过了 P=0.05 的显著性检验。

由图 3.6 可知，阿拉善、乌海、巴彦淖尔出现 O_3 浓度超标时日照时数≥10 h 的占比均在 75%及以上，从西向东日照时数呈减少趋势，包头、呼和浩特 O_3 浓度超标出现时日照时数≥8 h 的占比近 80%，鄂尔多斯 80%的 O_3 浓度超标出现在日照时数≥7 h。

O_3 浓度超标情况下，乌海及周边地区一般日照时数较大，越往西部越大，白天基本以晴天为主，有利于光化学反应，易出现 O_3 污染。

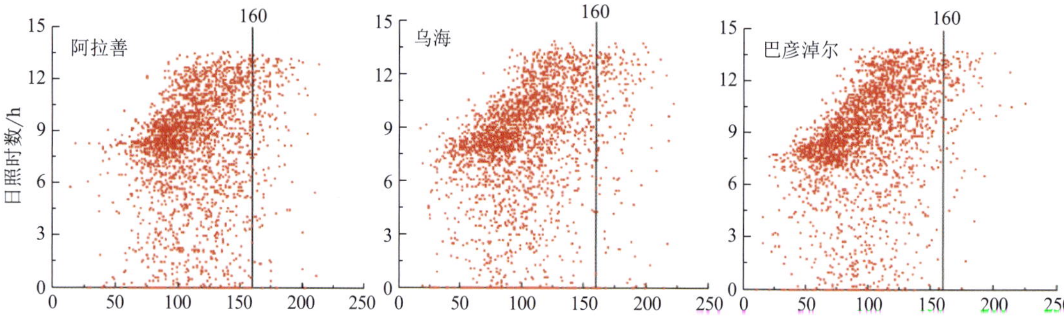

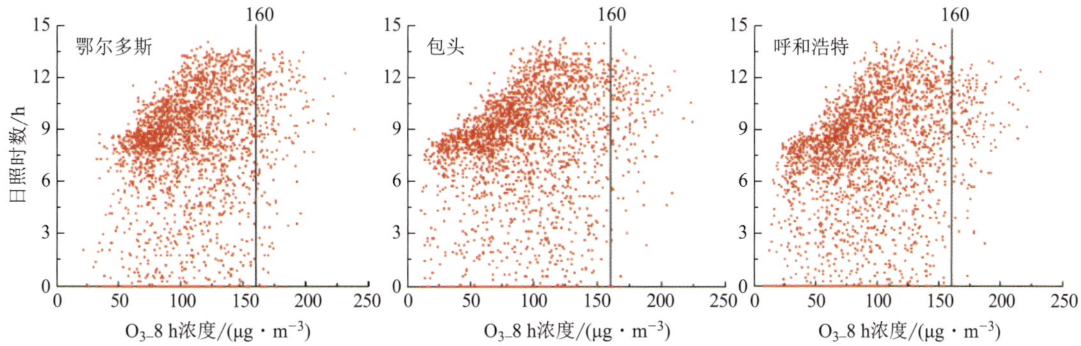

图 3.6　乌海及周边地区 6 个盟(市)$O_{3-}8$ h 浓度与日照时数分布

3.2.6　$O_{3-}8$ h 浓度与风向风速的关系

由表 3.13 可知，$O_{3-}8$ h 浓度与风速的相关性差异很大，且有的呈正相关、有的呈负相关，可能还与风向有关系。

表 3.13　$O_{3-}8$ h 浓度与 2 min 平均风速的相关系数

时间	阿拉善	乌海	巴彦淖尔	鄂尔多斯	包头	呼和浩特
全年	0.41**	0.224**	0.005**	0.089**	0.224**	−0.006**
春季	0.212**	−0.022**	−0.224**	−0.03**	−0.075**	−0.086**
夏季	0.205**	−0.082**	−0.104**	0.04**	0.021**	−0.082**
秋季	0.222**	0.083**	−0.065**	0.072**	0.136**	0.048**
冬季	0.251**	0.3**	0.33**	0.227**	0.368**	0.423**

注：** 表示通过了 $P=0.01$ 的显著性检验，* 表示通过了 $P=0.05$ 的显著性检验。

乌海及周边地区 O_3 污染出现在 4—9 月，为了更好地研究风向风速与 $O_{3-}8$ h 浓度的关系，分别分析了春季、夏季、秋季 3 个季节不同风速风向下 $O_{3-}8$ h 浓度的分布。

春季 O_3 浓度超标出现的风向比较一致(图 3.7)，阿拉善、包头 O_3 浓度超标出现在风向东南、风速 2～6 m・s^{-1} 的情况下；乌海 O_3 浓度超标出现在风向西南、风速 2～5 m/s 的情况下；鄂尔多斯 O_3 浓度超标出现在西南风、南风、东南风的情况下，但以在东南风情况下出现 O_3 浓度超标的概率更高，风速在 2～5 m・s^{-1}；巴彦淖尔、呼和浩特基本没有出现 O_3 浓度超标，但仍以在偏南风情况下的 $O_{3-}8$ h 浓度高。

夏季 6 个盟(市)在各个风向均会出现 O_3 浓度超标(图 3.8)，但阿拉善、巴彦淖尔、包头 O_3 浓度超标时主要是东南风，其次是西南风和东北风，风速 2～5 m・s^{-1}。乌海和呼和浩特主要是西南风，其次是东南风，风速 2～5 m・s^{-1}。鄂尔多斯主要是偏东风，其次是东南风，风速 2～5 m・s^{-1}。

秋季仅在 9 月出现 O_3 浓度超标，且 O_3 浓度超标天数较少。由图 3.9 可知，阿拉善、鄂尔多斯、包头 O_3 浓度超标时是东南风，风速 2～5 m・s^{-1}；乌海在除西北风以外的大多数风向时常出现 O_3 浓度超标，但以在东南风时出现 O_3 浓度超标的概率更高；巴彦淖尔、呼和浩特基本没有出现 O_3 浓度超标。

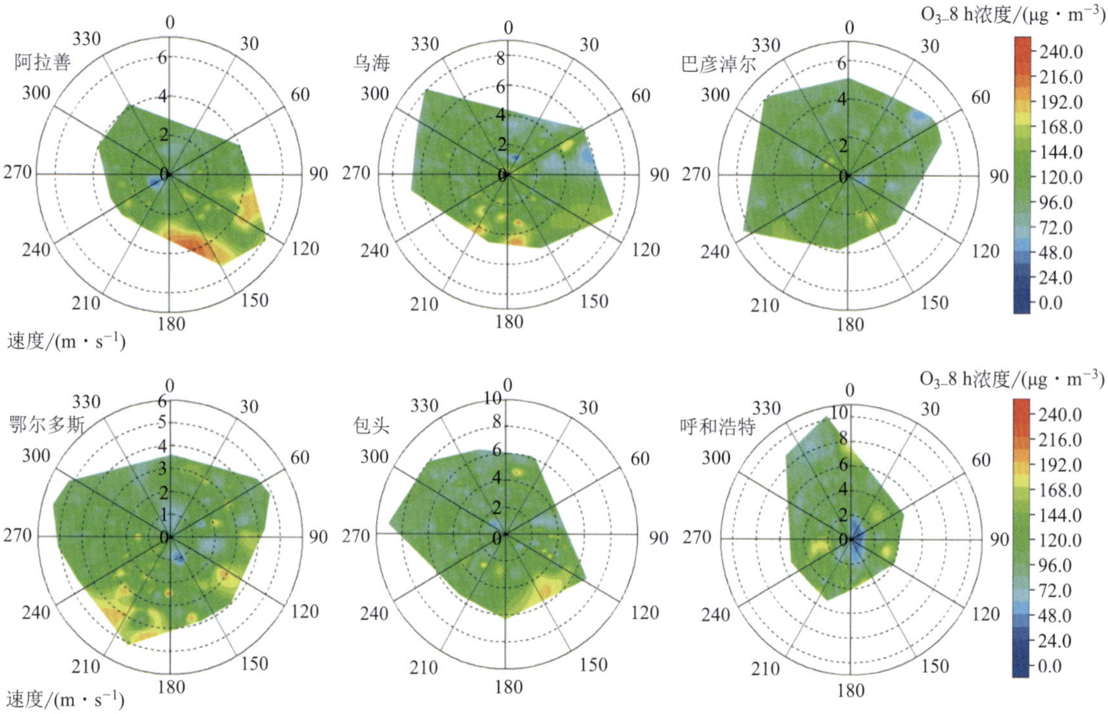

图 3.7　乌海及周边地区 6 个盟(市)春季 $O_{3-}8$ h 浓度与风向风速分布

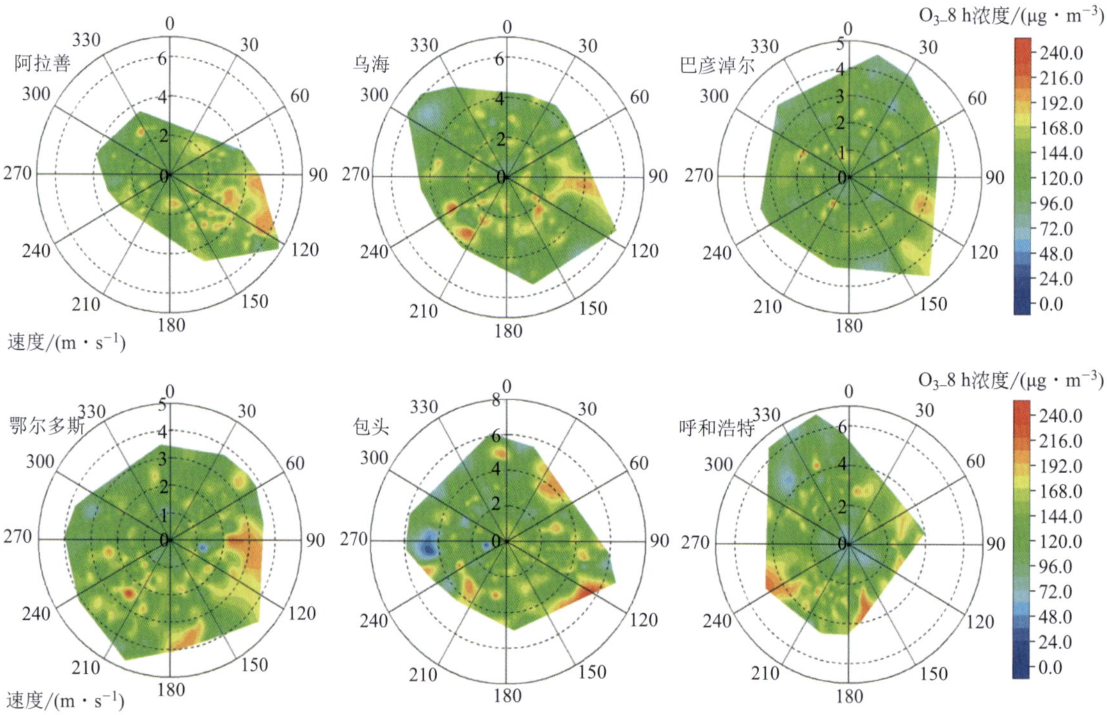

图 3.8　乌海及周边地区 6 个盟(市)夏季 $O_{3-}8$ h 浓度与风向风速分布

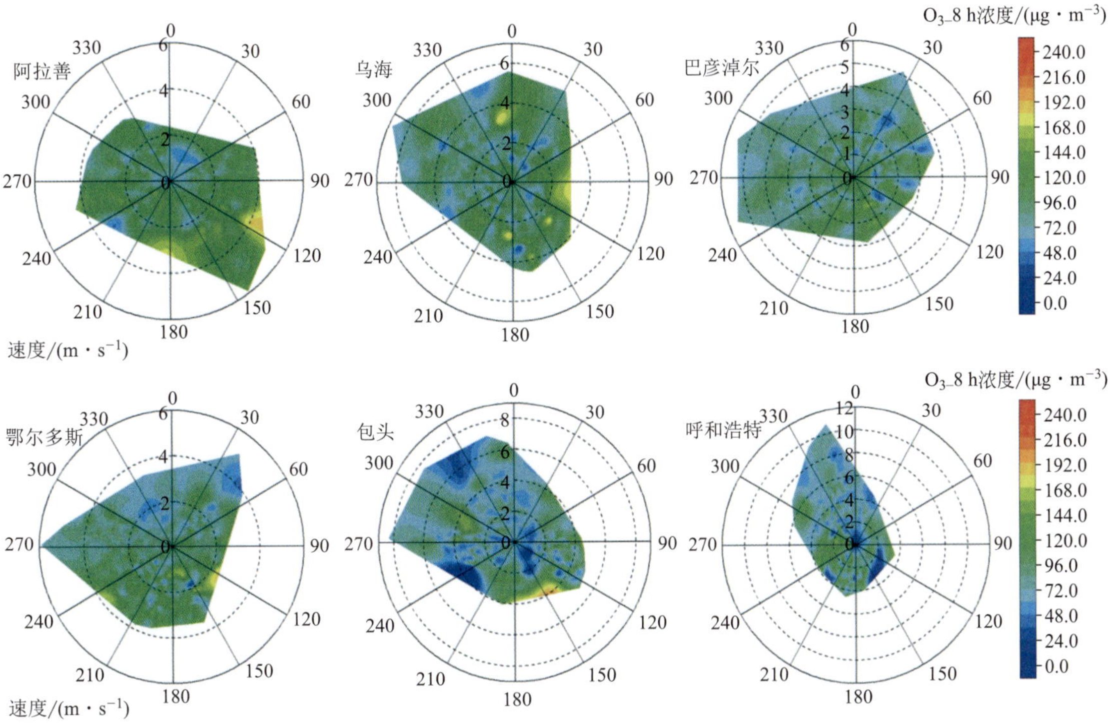

图 3.9　乌海及周边地区 6 个盟(市)秋季 $O_{3-}8$ h 浓度与风向风速分布

在不同的季节,6 个盟(市)O_3 浓度超标时主要以东南风、西南风、南风为主,有利于气温升高,为 O_3 浓度超标提供有利的天气条件,且 2 min 平均风速在 2～5 m·s^{-1},风速太大或静风均不利于 $O_{3-}8$ h 浓度的升高。夏季在其他风向出现 O_3 浓度超标的概率更高,但较高的 O_3 浓度超标仍以偏南风为主。

3.3　小结

① O_3 浓度与 CO、NO_2、SO_2、PM_{10}、$PM_{2.5}$ 浓度均呈负相关,与 NO_2 的相关性最强,并有 3～4 h 的滞后性;CO、SO_2、PM_{10}、$PM_{2.5}$ 对 O_3 浓度的影响也有一定的滞后性。颗粒物和 O_3 协同治理和控制 NO_x 的排放,对 O_3 污染联防联控是有利的。

② $O_{3-}8$ h 浓度与平均气压、相对湿度、最小相对湿度呈负相关,全年的相关性比分季节的强;与平均温度、最高气温、最低气温、水汽压、最小水平能见度、风速、日照时数呈正相关,与温度的相关性最强,相关系数在 0.7 以上。

③ 进一步分析与 $O_{3-}8$ h 浓度相关性较强的气象要素,O_3 浓度超标发生时,乌海及周边地区地面气压处在 835～900 hPa 的低压区。阿拉善、乌海、巴彦淖尔、包头 T_{max}≥35 ℃,呼和浩特、鄂尔多斯 T_{max}≥30 ℃;12—18 时的平均相对湿度阿拉善≤28%、乌海≤30%,巴彦淖尔、鄂尔多斯、包头、呼和浩特在 15%～45%;阿拉善、乌海、巴彦淖尔日照时数≥10 h,包头、呼和浩特≥8 h,鄂尔多斯≥7 h;各城市风向主要为东南风、西南风、南风,风速 2～5 m·s^{-1}。

④ 在东南风、西南风、南风的情况下,容易出现晴热天气,且偏南气流容易将污染物向北输送,在阴山山脉的阻挡作用下,在阴山以南聚集。风速不宜过大或者过小,风速过小无法使

得 NO_x 及其他污染物向北输送，风速过大对污染物扩散有利，风速在 $2\sim5\ m\cdot s^{-1}$ 既可以使污染物向北输送，又不至于风速太大使气象扩散条件转好。日照时数≥8 h 白天基本都是晴天，在最高气温较高、相对湿度较低的情况下，有利于光化学反应，使得 NO_x、VOCs 等发光生化学反应生成 O_3，易出现 O_3 浓度超标。

第 4 章　O_3 污染过程的环流客观分型

4.1　环流客观分型

定义 3 个及以上城市出现 O_3 浓度超标为一次区域性 O_3 污染过程，对 2015—2021 年 206 个区域性 O_3 污染过程的海平面气压场和 500 hPa、850 hPa 位势高度场及水平全风速场（*U* 和 *V*）进行客观分型，得到 5 种环流类型，累积解释方差贡献超过 85%，各种类型的占比见表 4.1，可见前 4 个类型的占比均在 20%以上，类型 2 的占比最多，为 27%。图 4.1～图 4.15 显示了每种类型合成的 500 hPa 和 850 hPa 位势高度场、海平面气压场及水平风速场。

表 4.1　2015—2021 年乌海及周边地区区域性 O_3 污染过程环流类型占比

类型	类型 1	类型 2	类型 3	类型 4	类型 5	合计
个例数/个	45	56	54	40	11	206
占比/%	22	27	26	20	5	100

4.1.1　类型 1

（1）500 hPa 环流场

高层 500 hPa 环流场为高压底部东北气流型（图 4.1），新疆至河西走廊西北存在高压环流，乌海及周边地区位于高压前部受东北气流影响，天气晴好，有利于光化学反应，易出现 O_3 浓度超标。

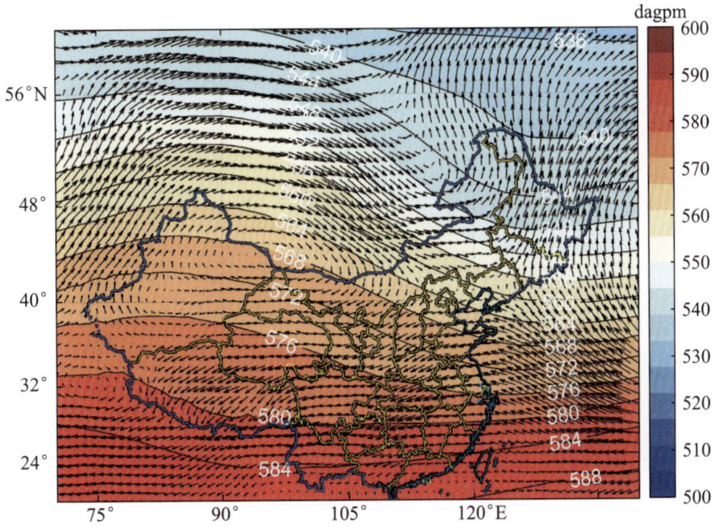

图 4.1　2015—2021 年 500 hPa 环流客观分型（高压底部东北气流型）
（图中等值线为位势高度值，黑色箭头为 500 hPa 高度 *U*、*V* 合成风）

(2)850 hPa 环流场

中低层 850 hPa 环流场为脊前西北气流型(图 4.2),东亚环流为西高东低型,低压我国东北地区及以东的地区,高压脊位于我国新疆及西南地区偏西、西北地区偏西地区,乌海及周边地区受脊前西北气流控制,以下沉运动为主,天气晴好,太阳辐射强,易出现 O_3 浓度超标。

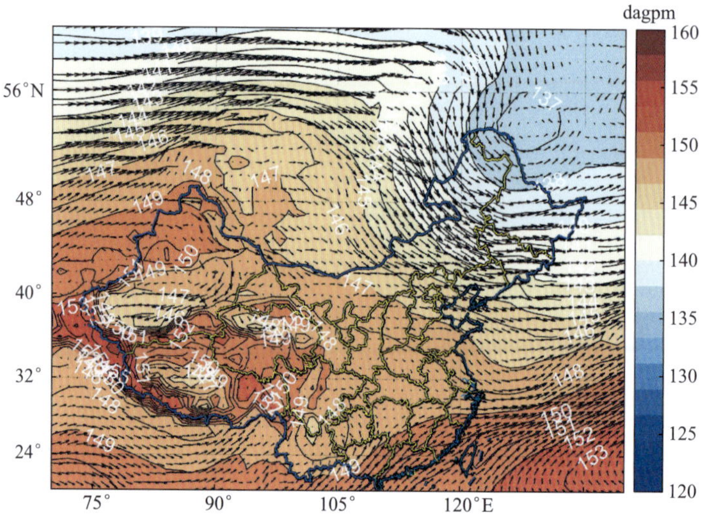

图 4.2 2015—2021 年 850 hPa 环流客观分型(脊前西北气流型)
(图中等值线为位势高度值,黑色箭头为 850 hPa 高度 U、V 合成风)

(3)海平面气压场

海平面气压场为均压场型(图 4.3),在我国东北地区、新疆地区至青藏高原为低压,在贝加尔湖以西和我国华南地区为高压,在内蒙古中西部为弱形势场(均压场)、风速较小,不利于污染物扩散,有利于 NO_x 等污染物聚集,午后太阳辐射有利于光化学反应,O_3 浓度增大,容易出现 O_3 浓度超标。

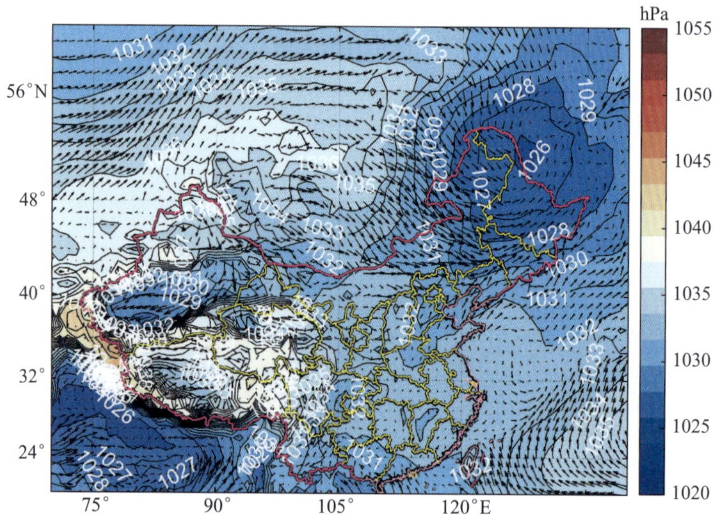

图 4.3 2015—2021 年海平面气压场及 10 m 风场客观分型(均压场型)
(图中等值线为海平面气压平均值,黑色箭头为 10 m 高度 U、V 合成风)

类型 1 高空以经向环流为主，乌海及周边地区高空处于高压底部东北气流控制，高压南部容易出现持续高温天气，天气晴好，高压区下沉运动明显，下沉增温有利于逆温层和边界层 O_3 浓度升高，地面为均压场型，水平风速小，不利于污染物扩散，晴天辐射强，持续的高温晴朗天气为光化学反应提供有利的气象条件，O_3 浓度不断升高，容易形成持续时间较长的 O_3 浓度超标。

4.1.2　类型 2

(1)500 hPa 环流场

高层 500 hPa 环流场为脊前西北气流型(图 4.4)，在新疆附近存在高压脊，乌海及周边地区位于脊前西北气流中，有负涡度平流，盛行下沉气流、天气晴好，有利于光化学反应，易出现 O_3 污染。

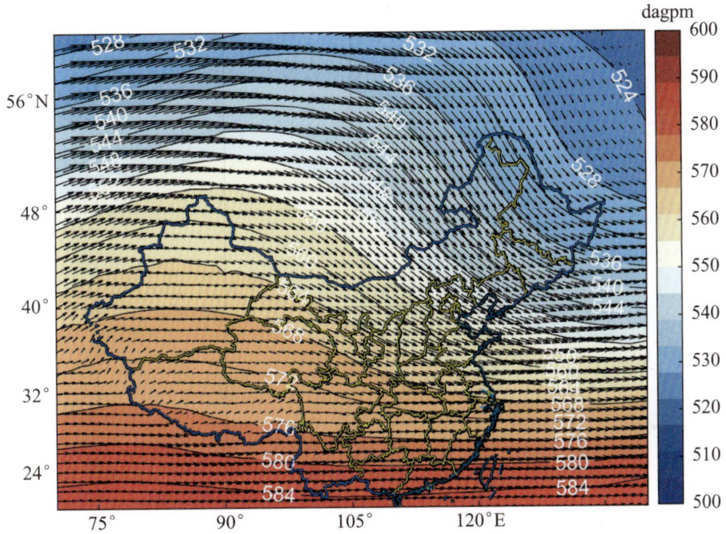

图 4.4　2015—2021 年 500 hPa 环流客观分型(脊前西北气流型)

(图中等值线为位势高度值，黑色箭头为 500 hPa 高度 U、V 合成风)

(2)850 hPa 环流场

中低层 850 hPa 环流场为高压脊型(图 4.5)，我国除东北偏东地区以外，全部受高压控制，乌海及周边地区在高压中心附近，天气晴好，太阳辐射强，易出现 O_3 浓度超标。

(3)海平面气压场

海平面气压场为高压控制型(图 4.6)，贝加尔湖以南至内蒙古整个受地面高压系统控制，乌海及周边地区在高压控制区，盛行下沉气流，天气晴好，有利于气温升高，太阳辐射强，有利于加强光化学反应，O_3 浓度增大，易出现 O_3 浓度超标。

类型 2 高空以经向环流为主，乌海及周边地区高空处在脊前西北气流中，脊前下沉气流使得污染物被抑制在边界层内，地面为高压控制型，天气晴好，空气干燥，气温回升，长时间的日照有利于 O_3 的生成和积累，地面以偏南风为主，受阴山山脉的影响，使得污染物聚集在阴山以南，鄂尔多斯高原以北，经过光化学反应，造成 O_3 浓度升高。高温、晴朗、低湿、偏南风为 O_3 浓度超标提供有利的条件。

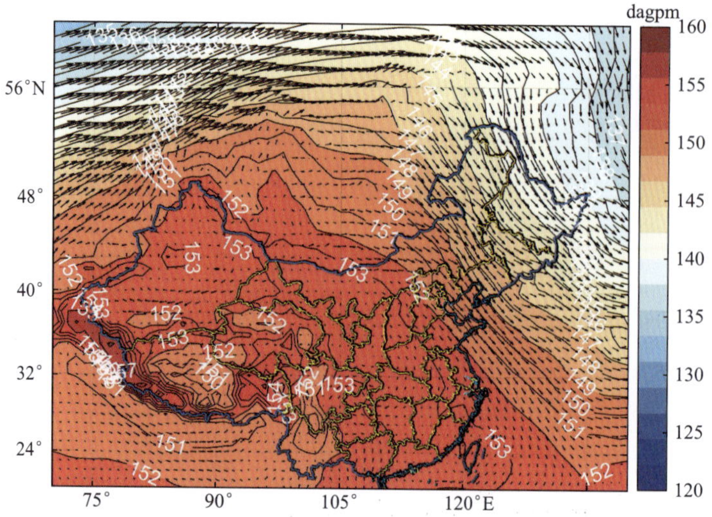

图 4.5　2015—2021 年 850 hPa 环流客观分型(高压脊型)
(图中等值线为位势高度值,黑色箭头为 850 hPa 高度 U、V 合成风)

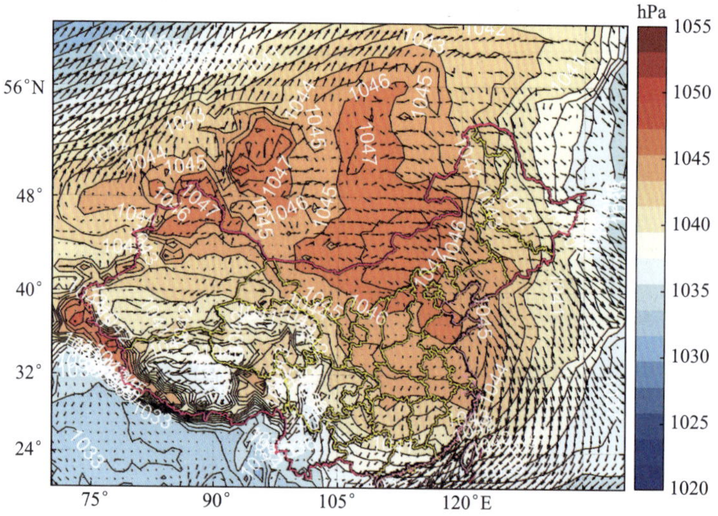

图 4.6　2015—2021 年海平面气压场及 10 m 风场客观分型(高压控制型)
(图中等值线为海平面气压平均值,黑色箭头为 10 m 高度 U、V 合成风)

4.1.3　类型 3

(1)500 hPa 环流场

高层 500 hPa 环流场为平直西风型(图 4.7),我国中西部地区以纬向环流为主,乌海及周边地区基本受平直西风控制,天气形势弱,不利于空气污染物扩散。有利于 O_3 的生成和累积,易出现 O_3 浓度超标。

(2)850 hPa 环流场

中低层 850 hPa 环流场为均压场型(图 4.8),在我国东北地区以东的低压系统和西南地区的热低压形成均压场环流。在内蒙古中西部为弱形势场(均压场)、风速较小,不利于污染物扩

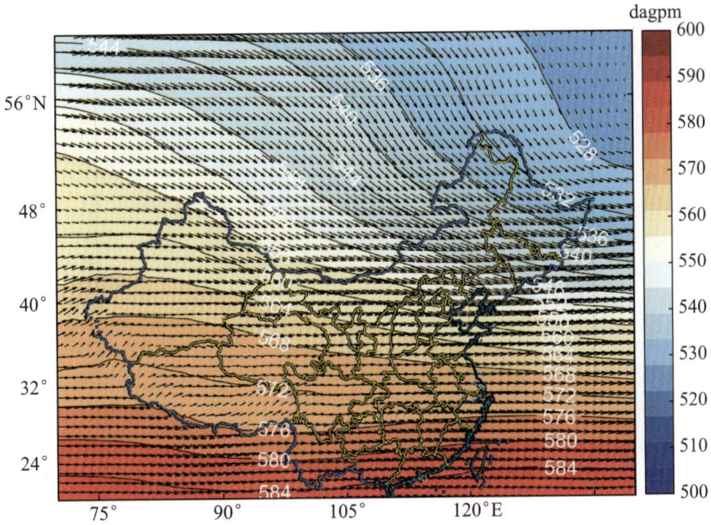

图 4.7　2015—2021 年 500 hPa 环流客观分型(平直西风型)
(图中等值线为位势高度值,黑色箭头为 500 hPa 高度 U、V 合成风)

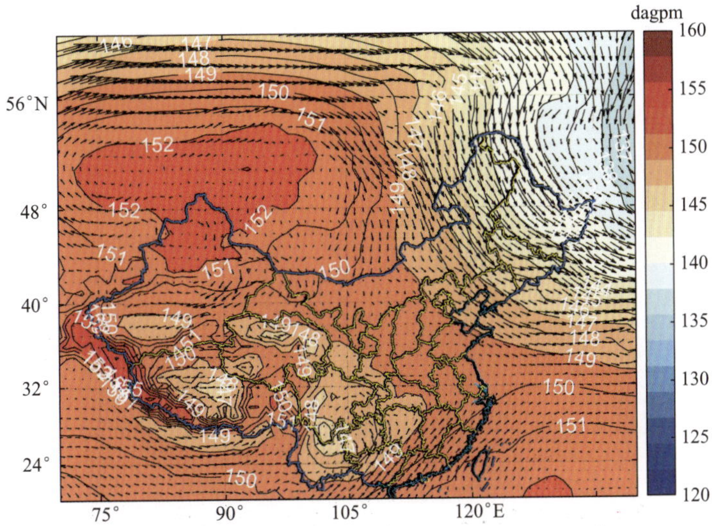

图 4.8　2015—2021 年 850 hPa 环流客观分型(均压场型)
(图中等值线为位势高度值,黑色箭头为 850 hPa 高度 U、V 合成风)

散,午后太阳辐射有利于光化学反应,O_3 浓度增大,容易出现 O_3 浓度超标。

(3)海平面气压场

海平面气压场为高压南部型(图 4.9),在贝加尔湖至乌拉尔山受强的高压控制,我国西南地区为低压控制。乌海及周边地区位于高压南部,高低压过渡区,地面受东北气流和东南气流的弱辐合,不利于污染物扩散,东南气流也有利于气温升高,有利于光化学反应,易出现 O_3 浓度超标。

类型 3 高空以纬向环流为主,乌海及周边地区受平直西风影响,大气环流稳定,呈静稳类

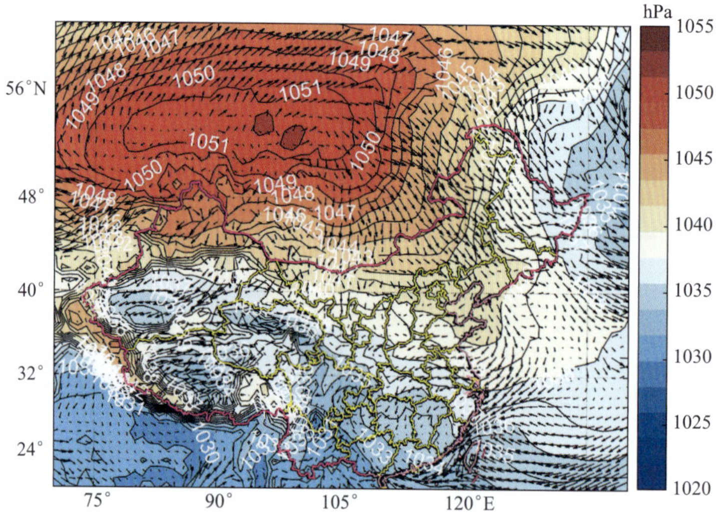

图 4.9 2015—2021 海平面气压场及 10 m 风场客观分型(高压南部型)
(图中等值线为海平面气压值,黑色箭头为 10 m 高度 U、V 合成风)

型,没有明显的南北交换,风速较小,使得污染物不断积聚,地面为高压南部型,天气晴好,气温升高,为光化学反应提供气象条件,O_3 浓度不断升高,进一步形成 O_3 浓度超标。

4.1.4 类型 4

(1)500 hPa 环流场

高层 500 hPa 环流场为脊前西北气流型(图 4.10),在新疆附近存在高压脊,乌海及周边地区位于脊前西北气流中,有负涡度平流,盛行下沉气流、天气晴好,有利于光化学反应,易出现 O_3 污染。

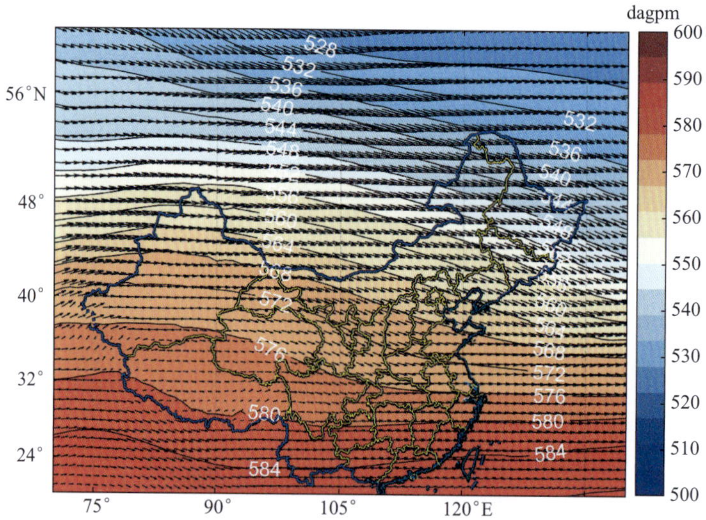

图 4.10 2015—2021 年 500 hPa 环流客观分型(脊前西北气流型)
(图中等值线为位势高度值,黑色箭头为 500 hPa 高度 U、V 合成风)

(2)850 hPa 环流场

中低层 850 hPa 环流场为槽底偏西气流型(图 4.11),在贝加尔湖以东至河套以北存在东北-西南走向的低槽,内蒙古西部处在槽后西北气流影响,中部在槽前西南气流影响,有风向的辐合切变,有利于空气污染物的累积,使得 O_3 生成和累积,易出现 O_3 浓度超标。

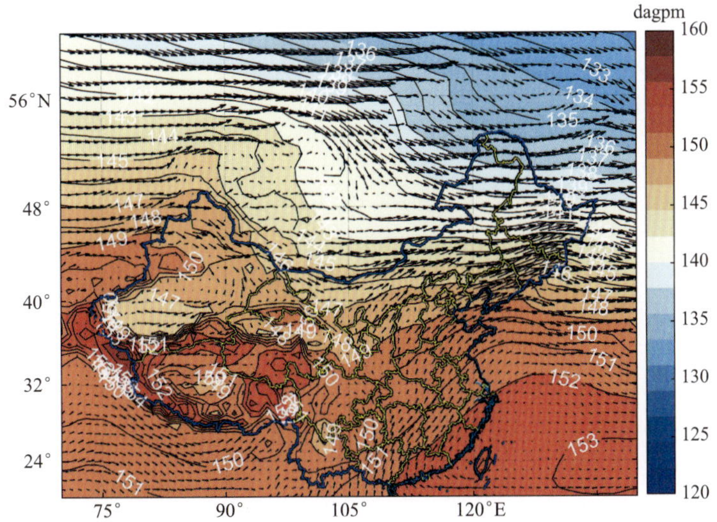

图 4.11　2015—2021 年 850 hPa 环流客观分型(槽底偏西气流型)

(图中等值线为位势高度值,黑色箭头为 850 hPa 高度 U、V 合成风)

(3)海平面气压场

海平面气压场为低压前部型(图 4.12),在我国东北至河西走廊受东北—西南走向的低压控制,青藏高原为高压影响,乌海及周边地区位于低压南部,西部受西北风影响,中部受西南风影响,有利于气温高升,太阳辐射增强,有利于光化学反应,易出现 O_3 浓度超标。

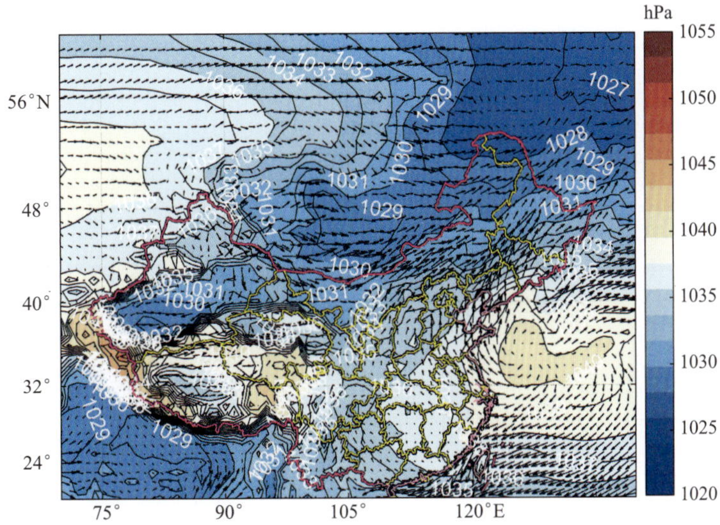

图 4.12　2015—2021 海平面气压场及 10 m 风场客观分型(低压前部型)

(图中等值线为海平面气压值,黑色箭头为 10 m 高度 U、V 合成风)

类型 4 高空以经向环流为主，乌海及周边地区地区处在脊前西北气流中，脊前下沉气流使得污染物被抑制在边界层内，且天气晴好，空气干燥，长时间的日照有利于 O_3 的生成和积累，地面以低压前部控制，气温回升，地面以偏南风为主，受阴山山脉的影响，使得污染物聚集在阴山以南，鄂尔多斯高原以北，污染积累在大气边界内，经过光化学反应，造成 O_3 浓度升高。高温、晴朗、低湿、偏南风为 O_3 浓度超标提供有利的条件

4.1.5 类型 5

(1)500 hPa 环流场

高层 500 hPa 环流场为脊前西北气流型(图 4.13)，在新疆附近存在高压脊，乌海及周边地区位于脊前西北气流中，有负涡度平流，盛行下沉气流、天气晴好，有利于光化学反应，易出现 O_3 污染。

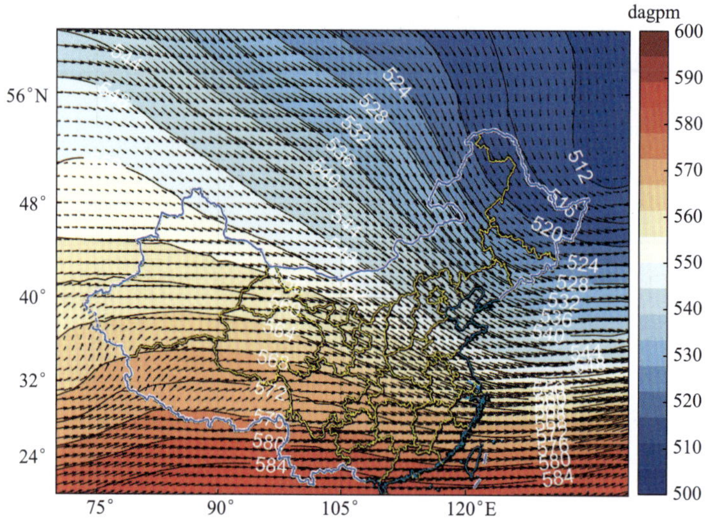

图 4.13 2015—2021 年 500 hPa 环流客观分型(脊前西北气流型)

(图中等值线为位势高度值，黑色箭头为 500 hPa 高度 U、V 合成风)

(2)850 hPa 环流场

中低层 850 hPa 环流场为脊前西北气流型(图 4.14)，东亚环流为西高东低型，低压控制我国东北及以东的地区，高压脊位于我国新疆及西南地区偏西、西北地区偏西地区，乌海及周边地区受脊前西北气流控制，以下沉运动为主，天气晴好，太阳辐射强，易出现 O_3 浓度超标。

(3)海平面气压场

海平面气压场为均压场型(图 4.15)，在我国东北地区、新疆地区至青藏高原为低压，在贝加尔湖以西和我国华南地区为高压，在内蒙古中西部为弱形势场(均压场)、风速较小，不利于污染物扩散，有利于 NO_x 等污染物聚集，午后太阳辐射有利于光化学反应，O_3 浓度增大，容易出现 O_3 浓度超标。

类型 5 的 500 hPa 以经向环流为主，乌海及周边地区以脊前西北气流为主，天气晴热，有利于气温升高，为光化学反应提供条件。地面为弱低压或均压场，有弱辐合，水平风速小，边界层呈静稳类型，东西向阴山山脉和阿拉善高原、鄂尔多斯高原的影响使得污染物扩散条件变得

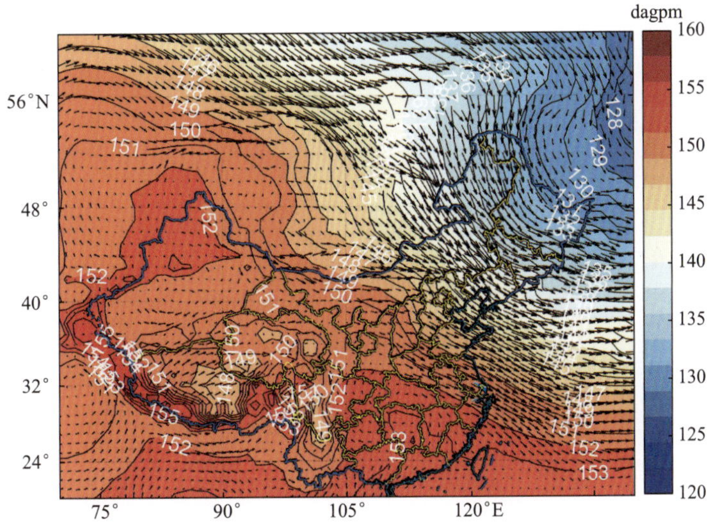

图 4.14　2015—2021 年 850 hPa 环流客观分型(脊前西北气流型)
(图中等值线为位势高度值,黑色箭头为 850 hPa 高度 U、V 合成风)

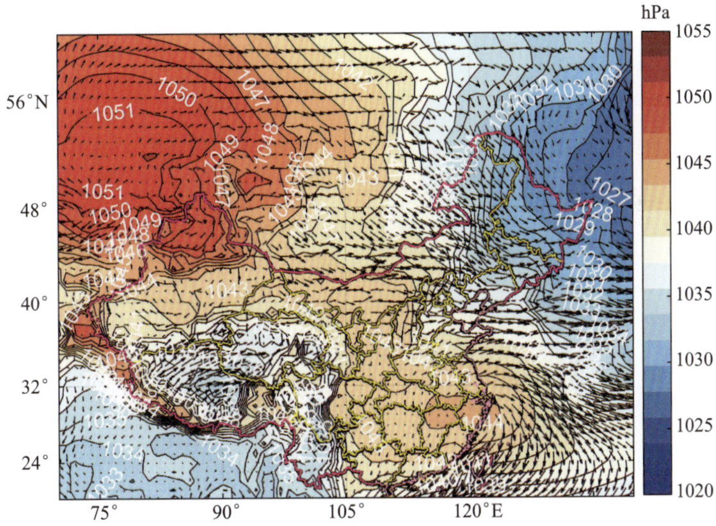

图 4.15　2015—2021 年海平面气压场及 10 m 风场客观分型(均压场型)
(图中等值线为海平面气压平均值,黑色箭头为 10 m 高度 U、V 合成风)

更差,使得污染物不断集聚,浓度逐渐升高,光化学反应生成 O_3,O_3 浓度不断升高,进一步形成 O_3 浓度超标。

5 种环流客观分型类型各层的环流配置如表 4.2,其中 500 hPa 分为脊前西北气流型(频率:52.9%)、平直西风型(频率:25.5%)、高压底部东北气流型(频率:21.6%)3 种;850 hPa 分为高压脊型(频率:26.5%)、脊前西北气流型(频率:26.4%)、均压场型(频率:25.5%)、槽底偏西气流型(频率:21.6%)4 种;海平面气压场分为高压控制型(频率:26.5%)、均压场型(频率:26.4%)、高压南部型(频率:25.5%)、低压前部型(频率:21.6%)4 种。

表 4.2　2015—2021 年乌海及周边地区区域性 O_3 污染过程 5 种类型各层环流配置

类型	类型 1	类型 2	类型 3	类型 4	类型 5
500 hPa	高压底部东北气流型	脊前西北气流型	平直西风型	脊前西北气流型	脊前西北气流型
850 hPa	脊前西北气流型	高压脊型	均压场型	槽底偏西气流型	脊前西北气流型
海平面	均压场型	高压控制型	高压南部型	低压前部型	均压场型

4.2　5 种类型 O_3 浓度超标情况

2015—2021 年，乌海及周边地区 O_3 浓度超标与海平面高压、低压、均压场和 500 hPa 西北气流、平直西风，以及 850 hPa 高压、西北气流等天气系统或大尺度环流形势相关联。5 种类型 O_3 浓度超标情况如图 4.16。

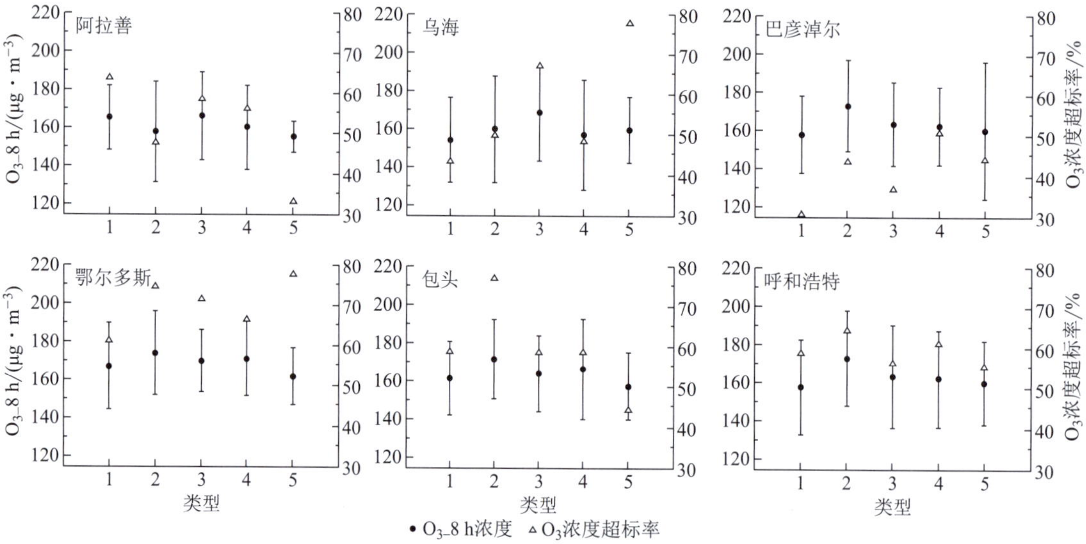

图 4.16　2015—2021 年 5 种类型下乌海及周边地区 6 个盟(市)O_{3-}8 h 浓度和 O_3 浓度超标率

(实心圆点为 O_{3-}8 h 浓度，空心三角形为该类型下 O_3 浓度超标率，黑色线杆代表浓度±标准差)

① 6 个盟(市)类型 1 的 O_{3-}8 h 浓度平均值在 154～168 $\mu g \cdot m^{-3}$，鄂尔多斯平均浓度最高，乌海平均浓度最低；O_3 浓度超标率在 30%～65%，阿拉善 O_3 浓度超标率最大，巴彦淖尔 O_3 浓度超标率最小。

② 6 个盟(市)类型 2 的 O_{3-}8 h 浓度平均值在 158～175 $\mu g \cdot m^{-3}$，鄂尔多斯平均浓度最高，阿拉善平均浓度最低；O_3 浓度超标率在 43%～78%，包头 O_3 浓度超标率最大，巴彦淖尔 O_3 浓度超标率最小。

③ 6 个盟(市)类型 3 的 O_{3-}8 h 浓度平均值在 163～171 $\mu g \cdot m^{-3}$，鄂尔多斯平均浓度最高，呼和浩特和巴彦淖尔平均浓度最低，O_3 浓度超标率在 37%～72%，鄂尔多斯 O_3 浓度超标率最大，巴彦淖尔 O_3 浓度超标率最小。

④ 6 个盟(市)类型 4 的 O_{3-}8 h 浓度平均值在 157～172 $\mu g \cdot m^{-3}$，鄂尔多斯平均浓度最高，乌海平均浓度最低，O_3 浓度超标率在 48%～67%，鄂尔多斯 O_3 浓度超标率最大，乌海 O_3 浓度超标率最小。

⑤ 6 个盟(市)类型 5 的 O_{3-}8 h 浓度平均值在 155～163 μg·m^{-3}，鄂尔多斯平均浓度最高，阿拉善平均浓度最低；O_3 浓度超标率在 30%～78%，乌海 O_3 浓度超标率最大，阿拉善 O_3 浓度超标率最小。

阿拉善类型 1 的 O_3 浓度超标率最高，乌海、鄂尔多斯类型 5 最高，巴彦淖尔类型 4 最高，包头、呼和浩特类型 2 最高。阿拉善、乌海类型 3 的 O_{3-}8 h 浓度平均值最大，其他城市类型 2 最大。

4.3　典型个例分析

本研究选取 2015—2021 年乌海及周边地区 6 个盟(市)中 O_3 浓度超标城市达 3 个及以上，且持续时间 3 d 及以上的污染过程。通过对选出的 15 次典型 O_3 污染过程(共计 64 d)进行分析，总结出区域性 O_3 污染过程发生时的环流场类型见表 4.3，类型 2、类型 3、类型 4 三种类型持续时间长、O_3 浓度超标城市多。

表 4.3　2015—2021 年乌海及周边地区典型持续性区域 O_3 污染过程(共计 64 d)

序号	污染日期	持续时间/d	O_3 浓度超标城市	最大 O_{3-}8 h 浓度/(μg·m^{-3})	环流类型
1	2015 年 7 月 10—12 日	3	阿拉善、乌海、鄂尔多斯、包头、呼和浩特	224	类型 4
2	2015 年 7 月 27—29 日	3	阿拉善、乌海、巴彦淖尔、鄂尔多斯、包头、呼和浩特	217	类型 2、3
3	2016 年 5 月 30 日—6 月 2 日	3	乌海、巴彦淖尔、鄂尔多斯、包头、呼和浩特	216	类型 2、3
4	2016 年 7 月 3—8 日	6	阿拉善、乌海、巴彦淖尔、鄂尔多斯、包头、呼和浩特	208	类型 4
5	2016 年 8 月 4—6 日	3	阿拉善、鄂尔多斯、包头、呼和浩特	187	类型 1、5
6	2017 年 6 月 14—17 日	4	阿拉善、乌海、巴彦淖尔、鄂尔多斯、包头、呼和浩特	216	类型 3
7	2017 年 6 月 26 日—7 月 3 日	8	阿拉善、乌海、巴彦淖尔、鄂尔多斯、包头、呼和浩特	222	类型 2、3
8	2017 年 7 月 11—19 日	9	阿拉善、乌海、巴彦淖尔、鄂尔多斯、包头、呼和浩特	232	类型 4
9	2018 年 5 月 31 日—6 月 2 日	3	阿拉善、乌海、巴彦淖尔、鄂尔多斯、包头、呼和浩特	239	类型 2
10	2018 年 6 月 14—18 日	5	阿拉善、乌海、巴彦淖尔、鄂尔多斯、包头、呼和浩特	214	类型 3
11	2018 年 6 月 20—23 日	4	阿拉善、乌海、巴彦淖尔、鄂尔多斯、包头、呼和浩特	202	类型 2、3
12	2018 年 7 月 29—31 日	3	阿拉善、鄂尔多斯、包头、呼和浩特	198	类型 1、5
13	2019 年 6 月 17—20 日	4	阿拉善、乌海、巴彦淖尔、鄂尔多斯、包头、呼和浩特	208	类型 2、4
14	2020 年 6 月 19—21 日	3	阿拉善、乌海、鄂尔多斯、包头、呼和浩特	203	类型 2
15	2020 年 7 月 22—24 日	3	鄂尔多斯、包头、呼和浩特	193	类型 4

以持续时间长、影响范围广、污染严重为依据，选取 2016 年 7 月 3—8 日、2017 年 6 月 26 日—7 月 3 日、2017 年 7 月 11—19 日、2018 年 6 月 14—18 日 4 次过程作为典型区域性 O_3 污染过程，做详细的研究讨论，分别简称为过程 1、过程 2、过程 3、过程 4(图 4.17)。

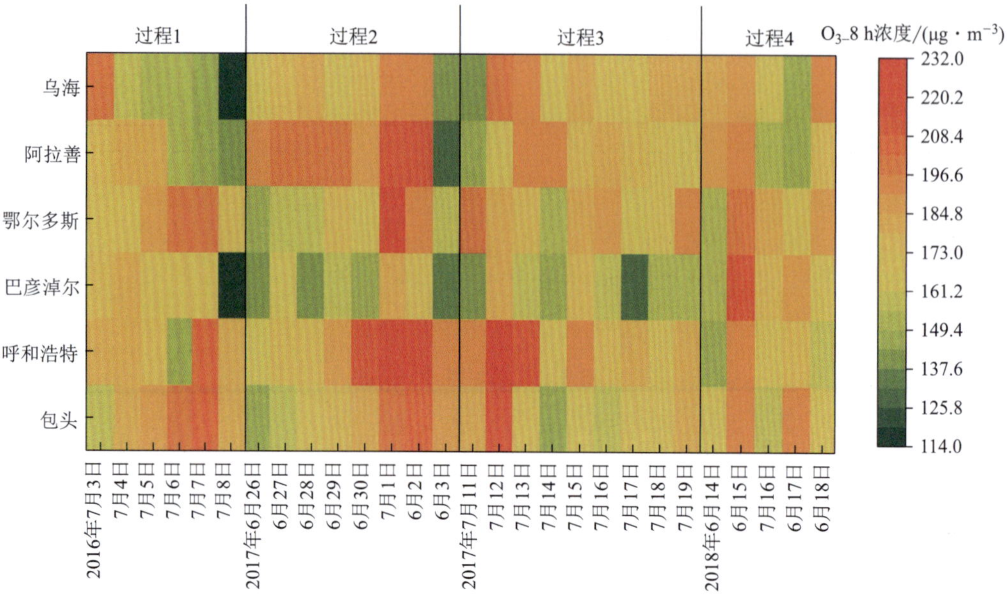

图 4.17 乌海及周边地区 4 次典型 O_3 污染过程实况

4.3.1 实况分析

(1)过程 1(2016 年 7 月 3—8 日)

过程 1 出现了持续 6 d 的区域性 O_3 污染，鄂尔多斯 6 d 全部 O_3 浓度超标，包头、呼和浩特、巴彦淖尔各有 1 d 没达到 O_3 浓度超标，阿拉善和乌海只有 2～3 d 达到了 O_3 浓度超标。O_3 浓度超标总持续时间在 30 h 以上，只有乌海的总持续时间为 12 h，最大 $O_{3-}8$ h 浓度均在 255 $\mu g \cdot m^{-3}$。其他污染物变化与 $O_{3-}8$ h 浓度呈反位相。出现 O_3 浓度超标期间，NO_2、SO_2 的浓度大于其他时段(表 4.4、图 4.18)。

表 4.4 过程 1 中 6 个盟(市)的 O_3 污染实况

城市	超标天数/d	未超标天数/d	总持续时间/h	最大 $O_{3-}8$ h 浓度/($\mu g \cdot m^{-3}$)
阿拉善	4	2	31	206
乌海	4	2	12	255
巴彦淖尔	5	1	39	200
鄂尔多斯	6	0	58	206
包头	5	1	43	216
呼和浩特	5	1	44	212

(2)过程 2(2017 年 6 月 26 日—7 月 3 日)

过程 2 持续了 8 d 的区域性 O_3 污染，阿拉善、乌海、鄂尔多斯仅有 1 d 的 O_3 浓度没超标，O_3 浓度超标总持续时间在 40 h 以上，只有乌海的总持续时间为 29 h，最大 $O_{3-}8$ h 浓度均在

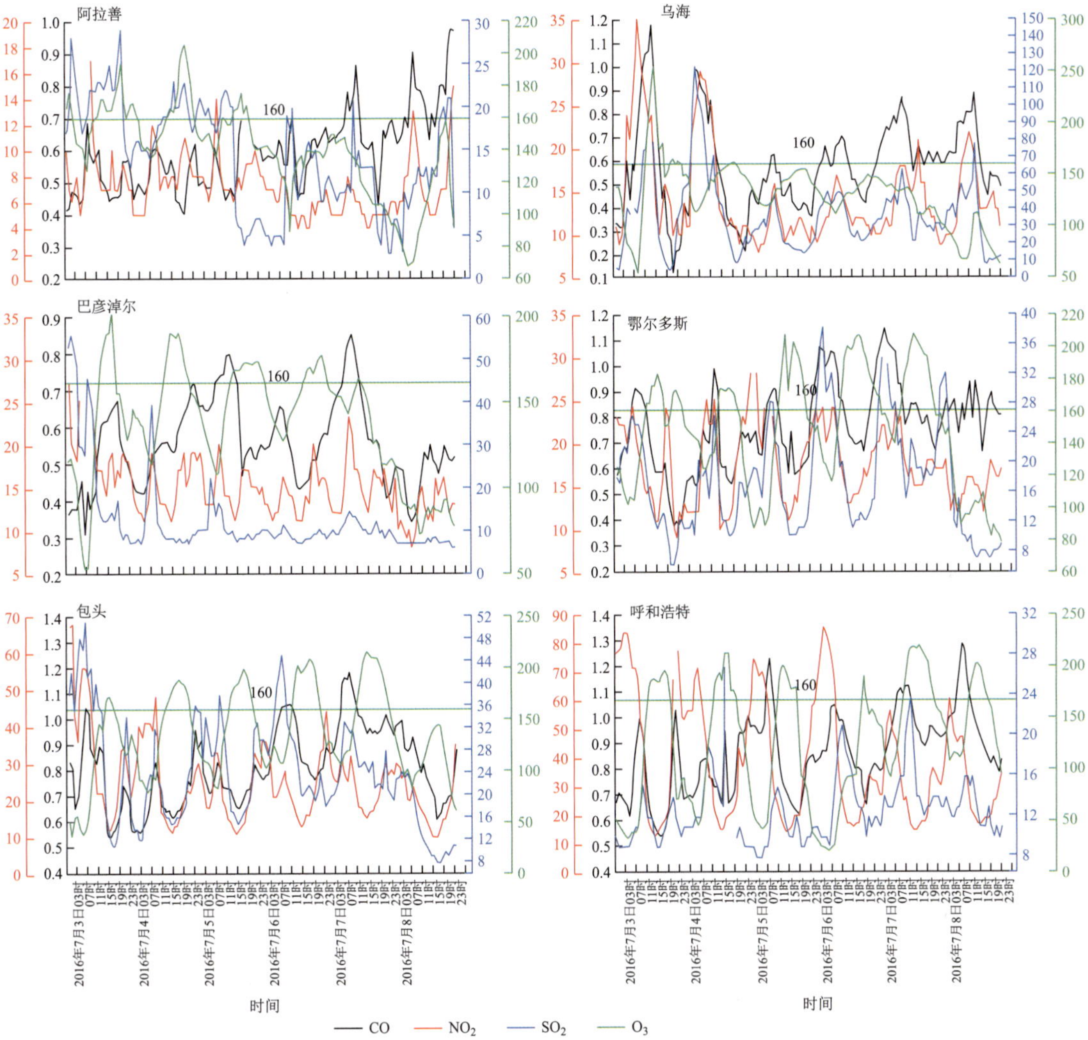

图 4.18　乌海及周边地区典型 O_3 污染过程 1 各气体污染物浓度逐小时实况（单位：$\mu g \cdot m^{-3}$）

231 $\mu g \cdot m^{-3}$。其他污染物变化与 O_3_8 h 浓度呈反位相，出现 O_3 浓度超标期间 NO_2 浓度、SO_2 浓度大于其他时段（表 4.5、图 4.19）。

表 4.5　过程 2 中 6 个盟（市）的 O_3 污染实况

城市	超标天数/d	未超标天数/d	总持续时间/h	最大 O_3_8 h 浓度/($\mu g \cdot m^{-3}$)
阿拉善	7	1	89	214
乌海	7	1	49	213
巴彦淖尔	4	4	29	208
鄂尔多斯	7	1	41	231
包头	6	2	48	224
呼和浩特	8	0	62	243

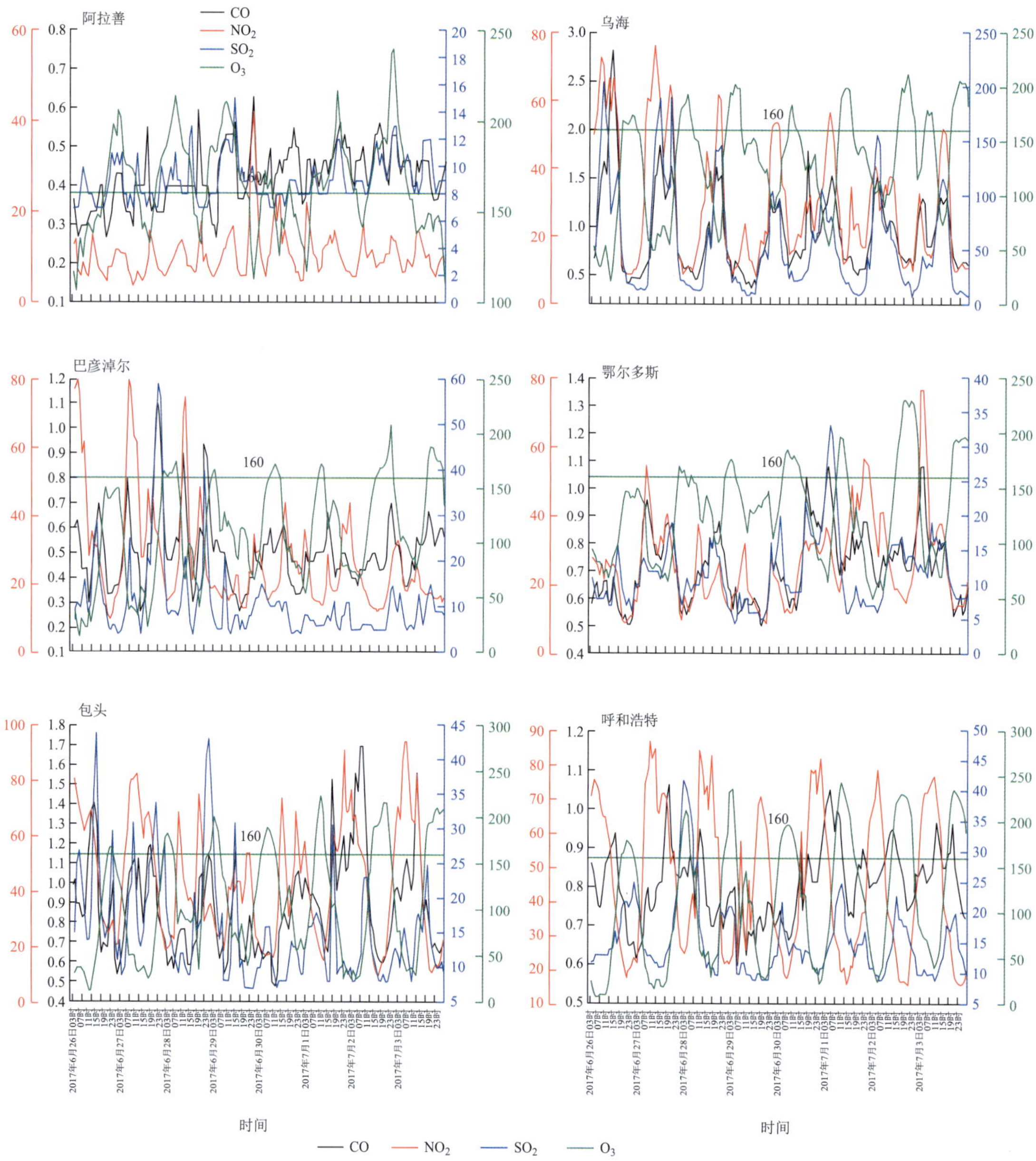

图 4.19　乌海及周边地区典型 O_3 污染过程 2 各气体污染物浓度逐小时实况(单位：$\mu g \cdot m^{-3}$)

(3)过程 3(2017 年 7 月 11—19 日)

过程 3 为持续了 9 d 的区域性 O_3 污染，呼和浩特 9 d 全部 O_3 浓度超标，鄂尔多斯、乌海、阿拉善仅有 1 d 没达到 O_3 浓度超标，包头有 2 d 没达到 O_3 浓度超标。O_3 浓度超标总持续 50 h 以上，只有巴彦淖尔 O_3 浓度超标为 23 h，最大 O_{3-}8 h 浓度为 256 $\mu g \cdot m^{-3}$。其他污染物浓度变化与 O_{3-}8 h 浓度变化呈反位相，出现 O_3 浓度超标期间 NO_2、SO_2 的浓度大于其他时段(表 4.6、图 4.20)。

表 4.6　过程 3 中 6 个盟(市)的 O_3 污染实况

城市	超标天数/d	未超标天数/d	总持续时间/h	最大 $O_{3-}8$ h 浓度/($\mu g\cdot m^{-3}$)
阿拉善	8	1	66	240
乌海	8	1	53	232
巴彦淖尔	5	4	23	196
鄂尔多斯	8	1	64	228
包头	7	2	53	226
呼和浩特	9	0	70	256

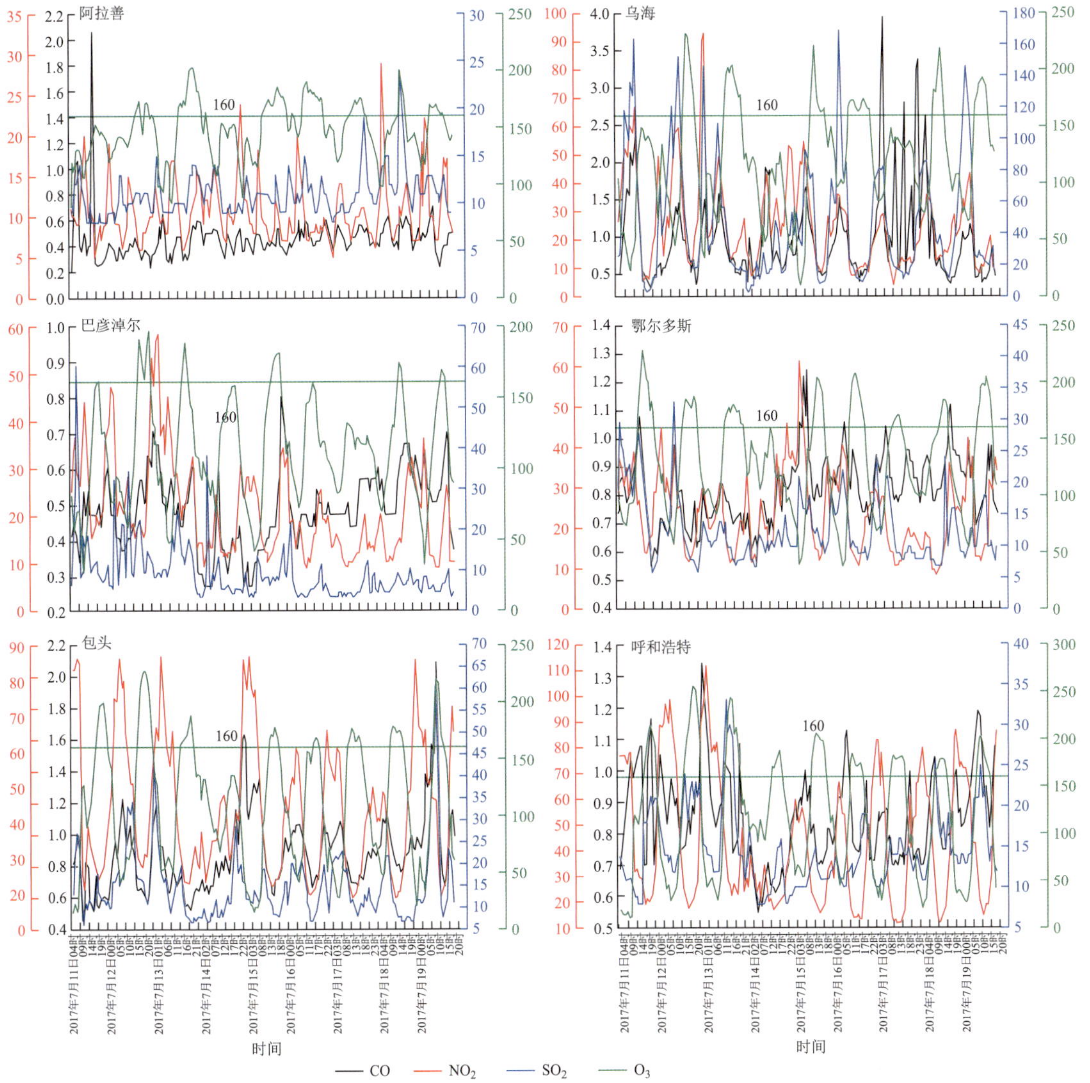

图 4.20　乌海及周边地区典型 O_3 污染过程 3 各气体污染物浓度逐小时实况(单位:$\mu g\cdot m^{-3}$)

(4)过程 4(2018 年 6 月 14—18 日)

过程 4 是持续 4 d 的区域性 O_3 污染,O_3 浓度超标总持续时间均在 25 h 以上,最大 $O_{3-}8$ h

浓度为 247 $\mu g \cdot m^{-3}$；其他污染物浓度变化与 $O_{3-}8$ h 浓度变化呈反位相，出现 O_3 浓度超标期间 NO_2、SO_2 的浓度大于其他时段（表 4.7、图 4.21）。

表 4.7　过程 4 中 6 个盟（市）的 O_3 污染实况

城市	超标天数/d	未超标天数/d	总持续时间/h	最大 $O_{3-}8$ h 浓度/($\mu g \cdot m^{-3}$)
阿拉善	4	0	36	207
乌海	3	1	26	247
巴彦淖尔	3	1	20	226
鄂尔多斯	3	1	30	214
包头	3	1	27	216
呼和浩特	4	0	25	204

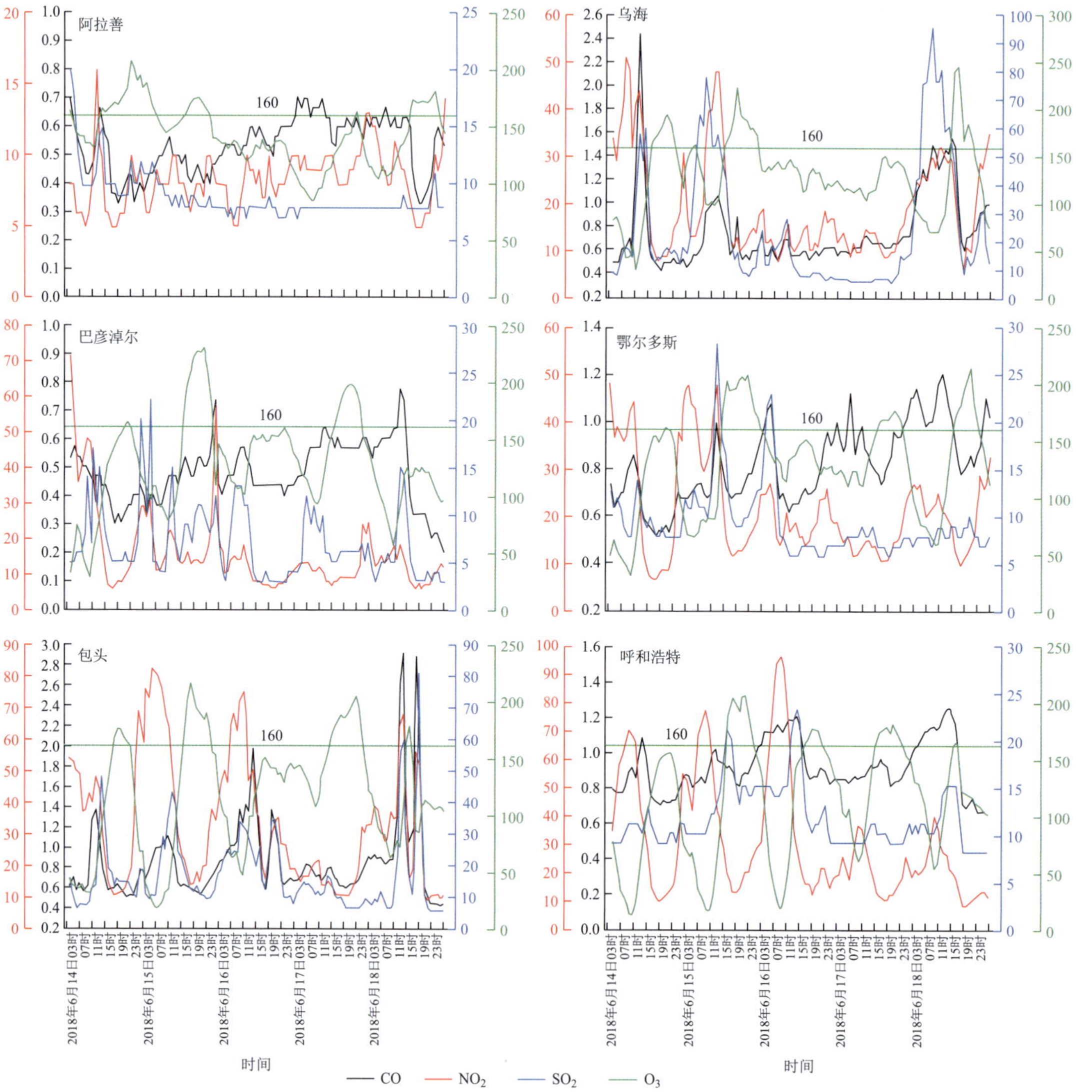

图 4.21　乌海及周边地区典型区域性 O_3 污染过程 4 各气体污染物浓度逐小时实况（单位：$\mu g \cdot m^{-3}$）

4.3.2　环流场分析

分析上述 4 次典型区域性 O_3 污染过程海平面气压场、500 hPa、700 hPa、850 hPa 的环流场。

由图 4.22～图 4.25 可知，500 hPa 亚洲中高纬环流经向度较大，均有较强的斜压性，暖平流较强，有利于低层减压。过程 1 为副热带高压（简称副高）西部边缘的影响；过程 2、过程 4 是受高压脊南部东北气流影响，在暖脊的控制下；过程 3 是强盛高压脊控制，乌海及周边地区均在高压内部，均盛行下沉气流，天气晴好，日照强，有利于光化学反应，使得 O_3 浓度升高。

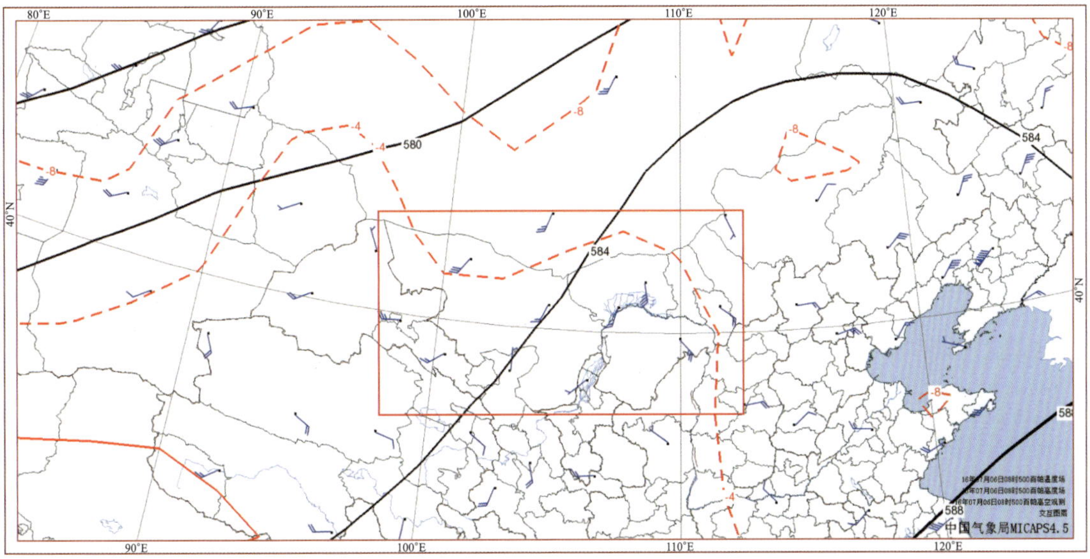

图 4.22　乌海及周边地区典型区域性 O_3 污染过程 1 典型时次 500 hPa 环流场

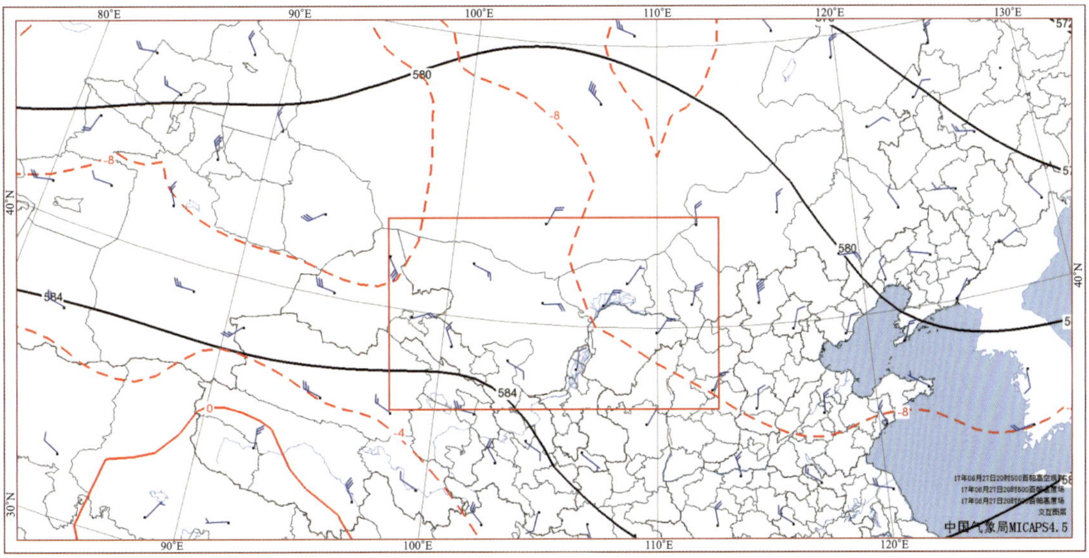

图 4.23　乌海及周边地区典型区域性 O_3 污染过程 2 典型时次 500 hPa 环流场

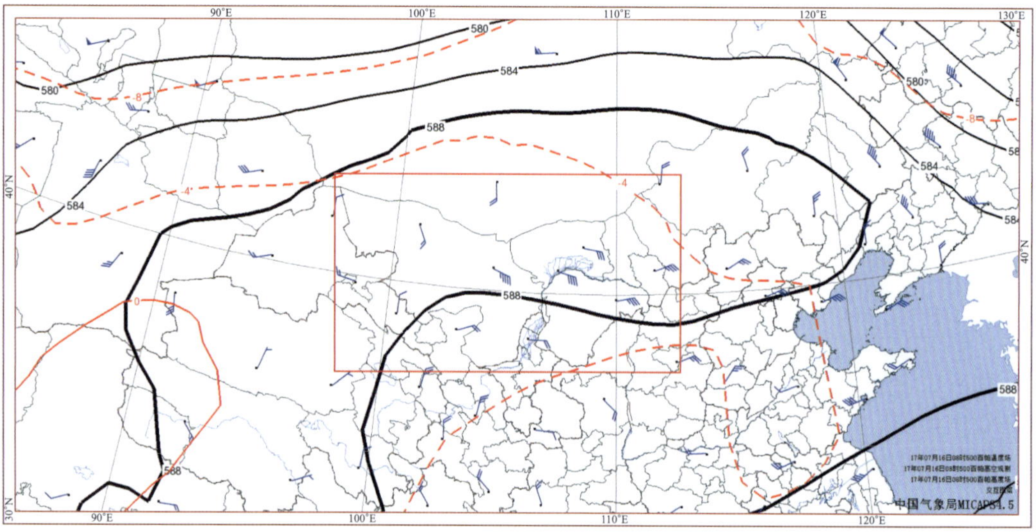

图 4.24　乌海及周边地区典型区域性 O_3 污染过程 3 典型时次 500 hPa 环流场

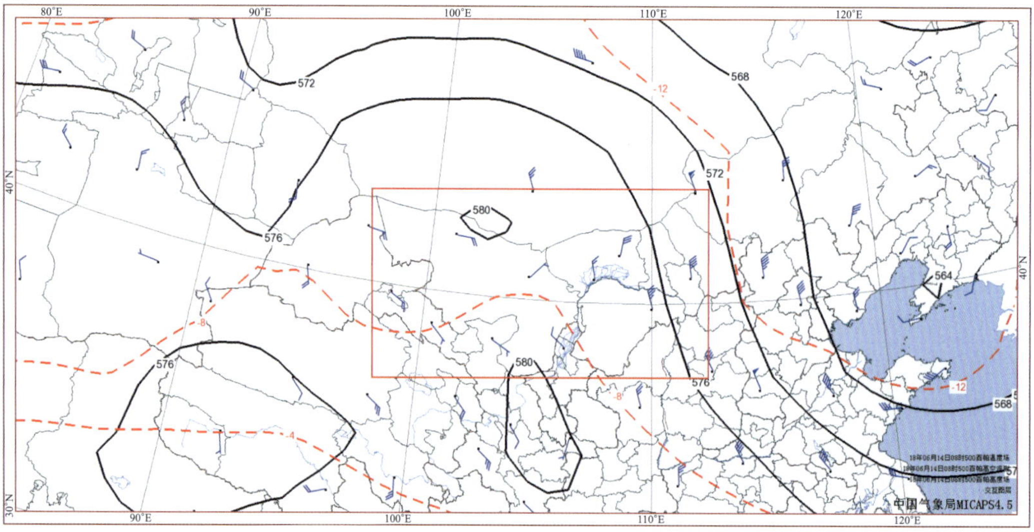

图 4.25　乌海及周边地区典型区域性 O_3 污染过程 4 典型时次 500 hPa 环流场

700 hPa(图 4.26～图 4.29)和 850 hPa(图略)环流形势相似，过程 1、过程 2、过程 3 均在低压前部，有暖中心配合，有偏南风和弱辐合，受热低压影响，有利于温度升高，有利于光化学反应。过程 4 受高压控制，配合有暖中心。

由图 4.30～图 4.33 可知，过程 1、过程 2、过程 3 的海平面气压场均为低压前部型，受东南气流控制，有利于气温升高，且存在弱辐合，有利于污染物积累，为光化学反应提供条件。过程 4 则是高压南部型，内蒙古西部在高压内部，天气晴好，气温升高，有利于光化学反应。

由此可见：乌海及周边地区影响范围大、持续时间长的区域性 O_3 污染过程多出现在 500 hPa 受暖高压脊控制或者脊前西北气流影响，700 hPa 至地面受热低压前部和暖高压控制的情况下，有利于晴好天气发生，气温升高，光化学作用使得 O_3 浓度不断升高，在午后最高气温出现前后，容易出现 O_3 浓度超标。

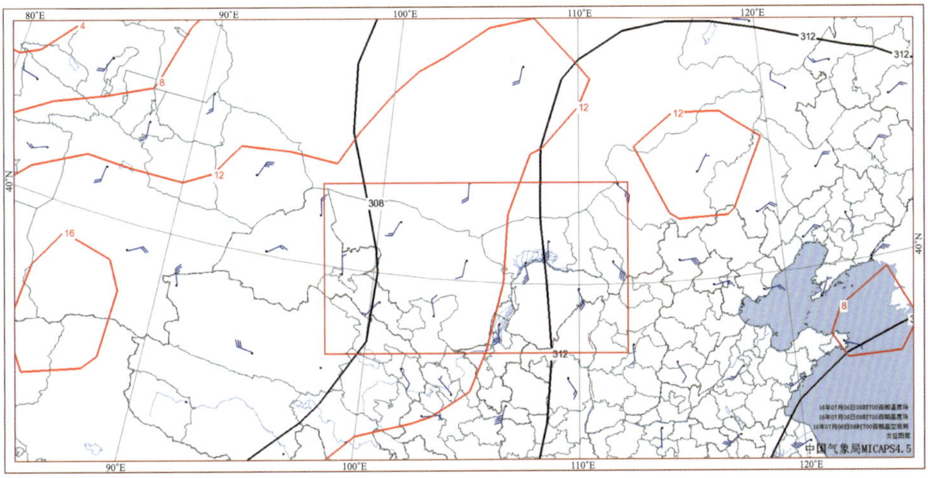

图 4.26　乌海及周边地区典型 O_3 污染过程 1 典型时次 700 hPa 环流场

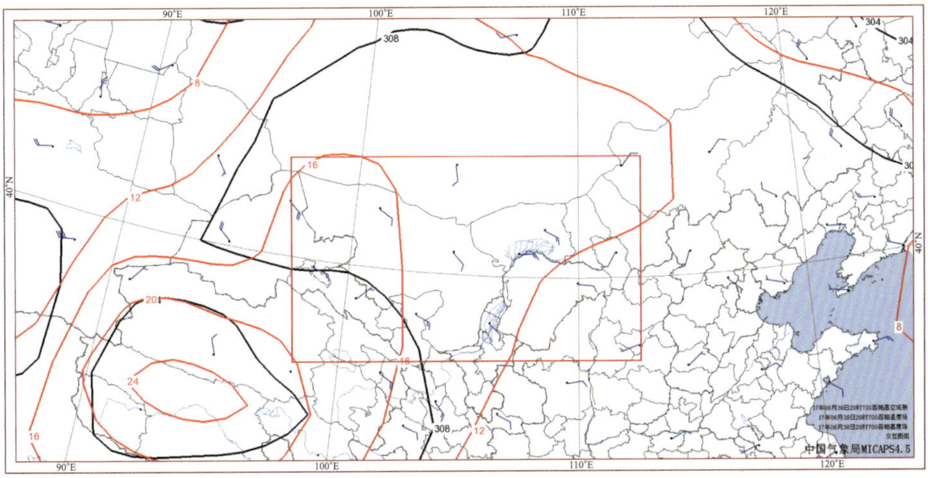

图 4.27　乌海及周边地区典型 O_3 污染过程 2 典型时次 700 hPa 环流场

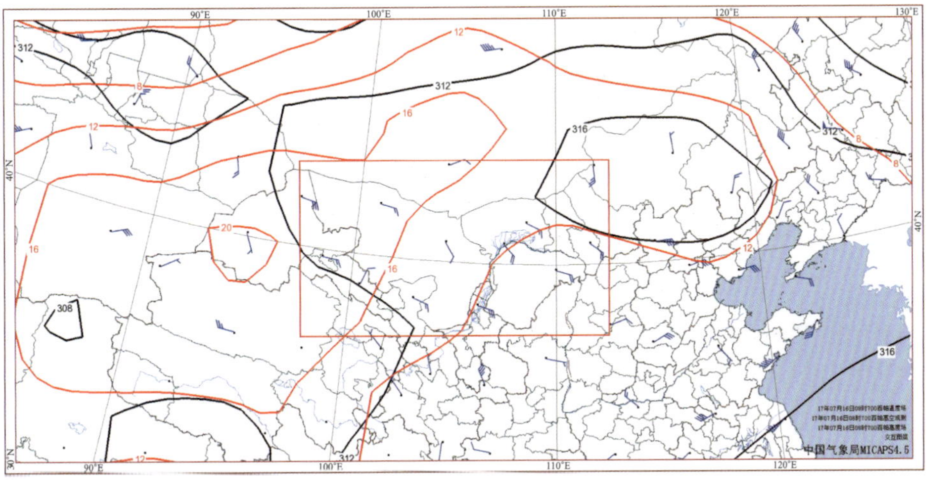

图 4.28　乌海及周边地区典型 O_3 污染过程 3 典型时次 700 hPa 环流场

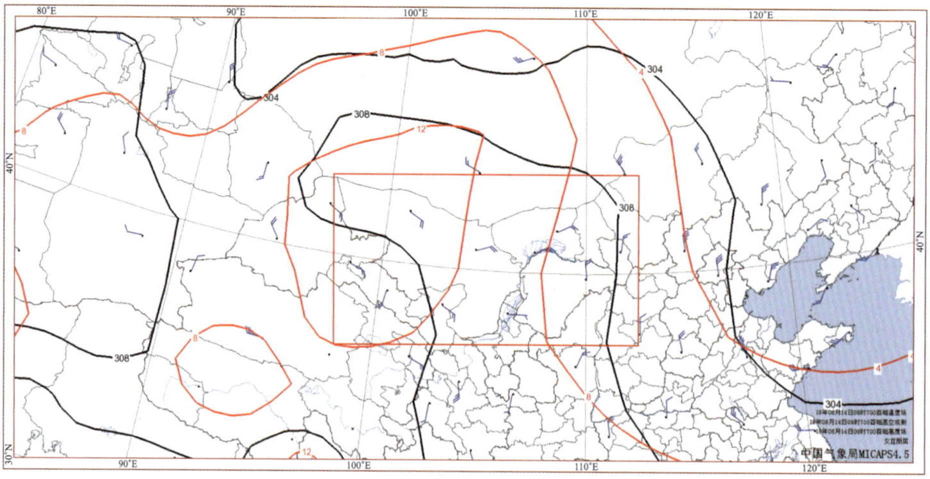

图 4.29　乌海及周边地区典型 O_3 污染过程 4 典型时次 700 hPa 环流场

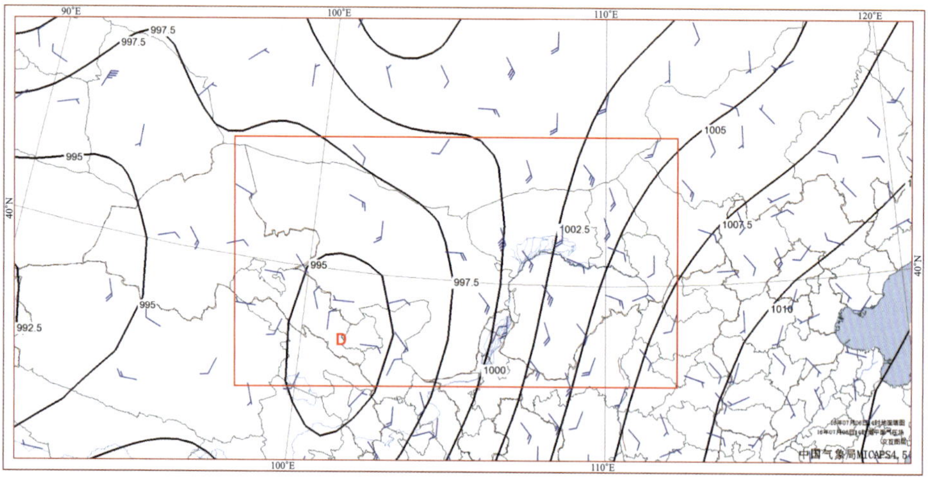

图 4.30　乌海及周边地区典型区域性 O_3 污染过程 1 海平面气压场和地面风场

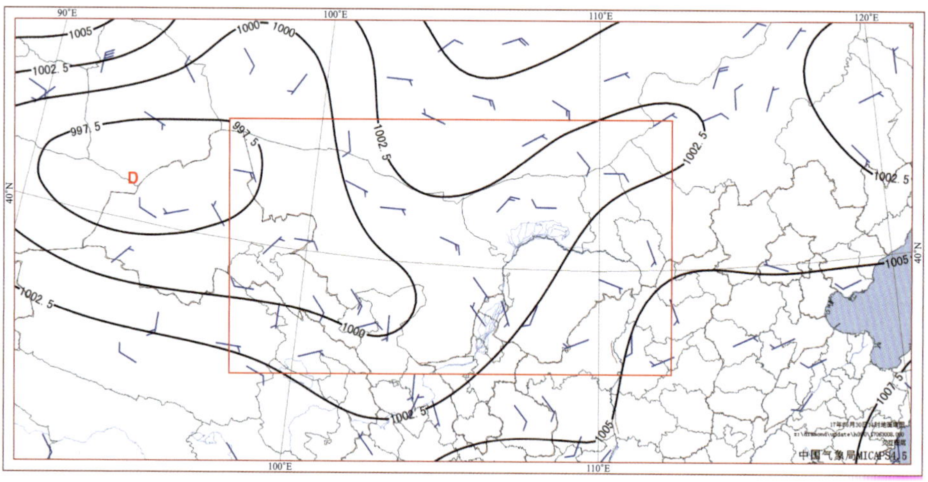

图 4.31　乌海及周边地区典型区域性 O_3 污染过程 2 海平面气压场和地面风场

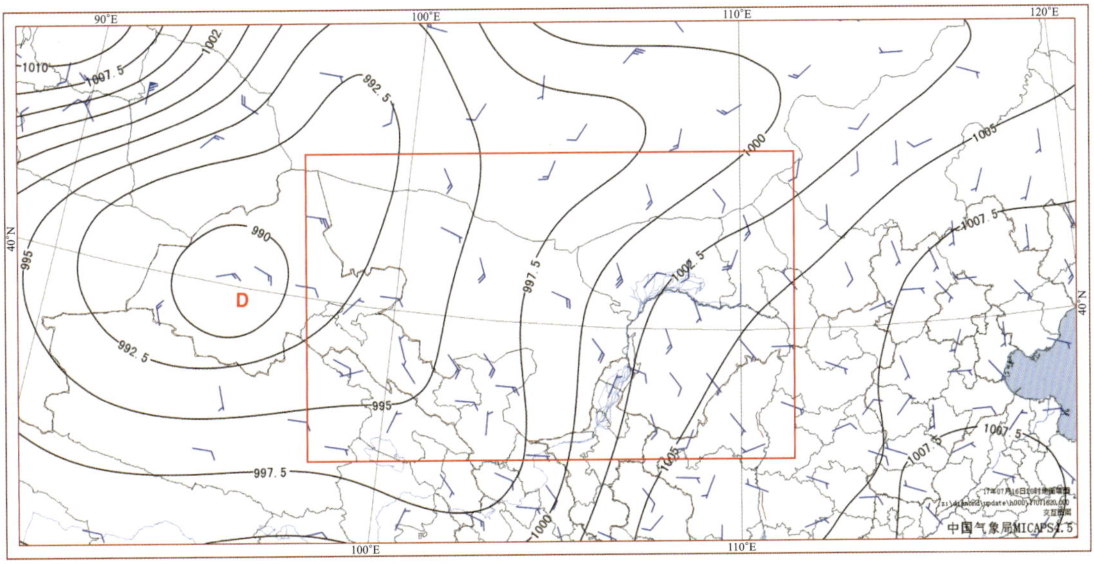

图 4.32　乌海及周边地区典型区域性 O_3 污染过程 3 海平面气压场和地面风场

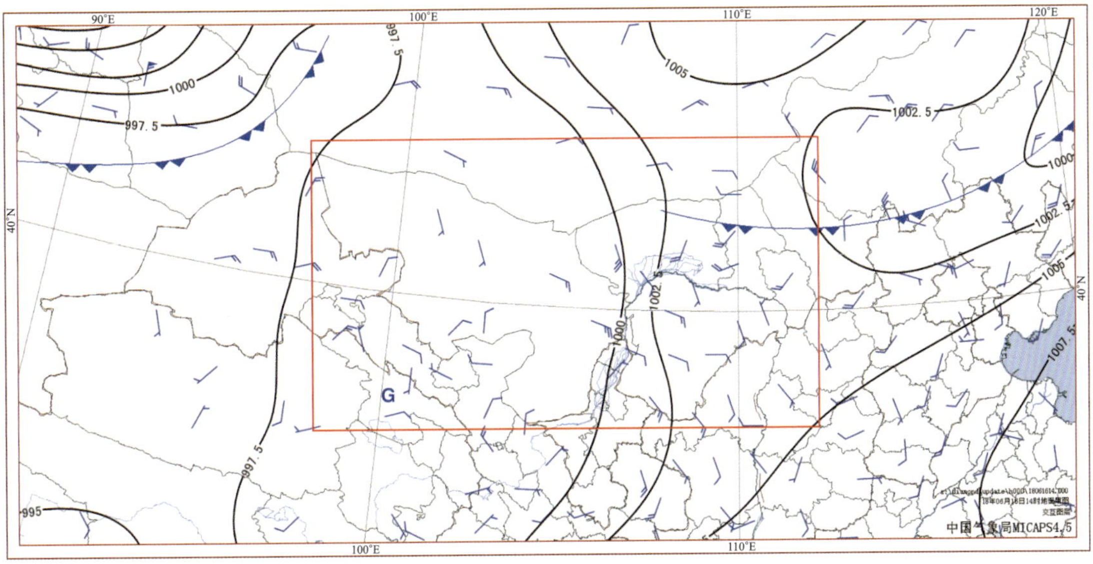

图 4.33　乌海及周边地区典型区域性 O_3 污染过程 4 海平面气压场和地面风场

4.3.3　边界层气象要素特征

(1)逆温层对 O_3 浓度超标的影响

在研究区域内有巴彦诺尔公(阿拉善)、临河(巴彦淖尔)、乌拉特中旗(巴彦淖尔)、东胜(鄂尔多斯)、呼和浩特 5 个探空站,分别选取了 4 个过程中典型时次的 T-ln$P$ 图(图 4.34),从表 4.8～表 4.11 可以看出,在 4 次区域性 O_3 污染过程中,中低层均存在逆温层(或等温层),逆温强度在 0.556～2.339 ℃·(100 m)$^{-1}$,最大 O_{3-}8 h 浓度在 179～232 μg·m^{-3}。且逆温强度越强,O_{3-}8 h 浓度越高,持续时间也越长。逆温层(或等温层)导致垂直扩散条件变差,使得低层的水汽、能量、污染物等不能在垂直方向上向上扩散，只在近地层相对狭小的空间内积累，随着白天温度升高，如果天气晴好，则有利于光化学反应，$O_{3-}8$ h 浓度升高。

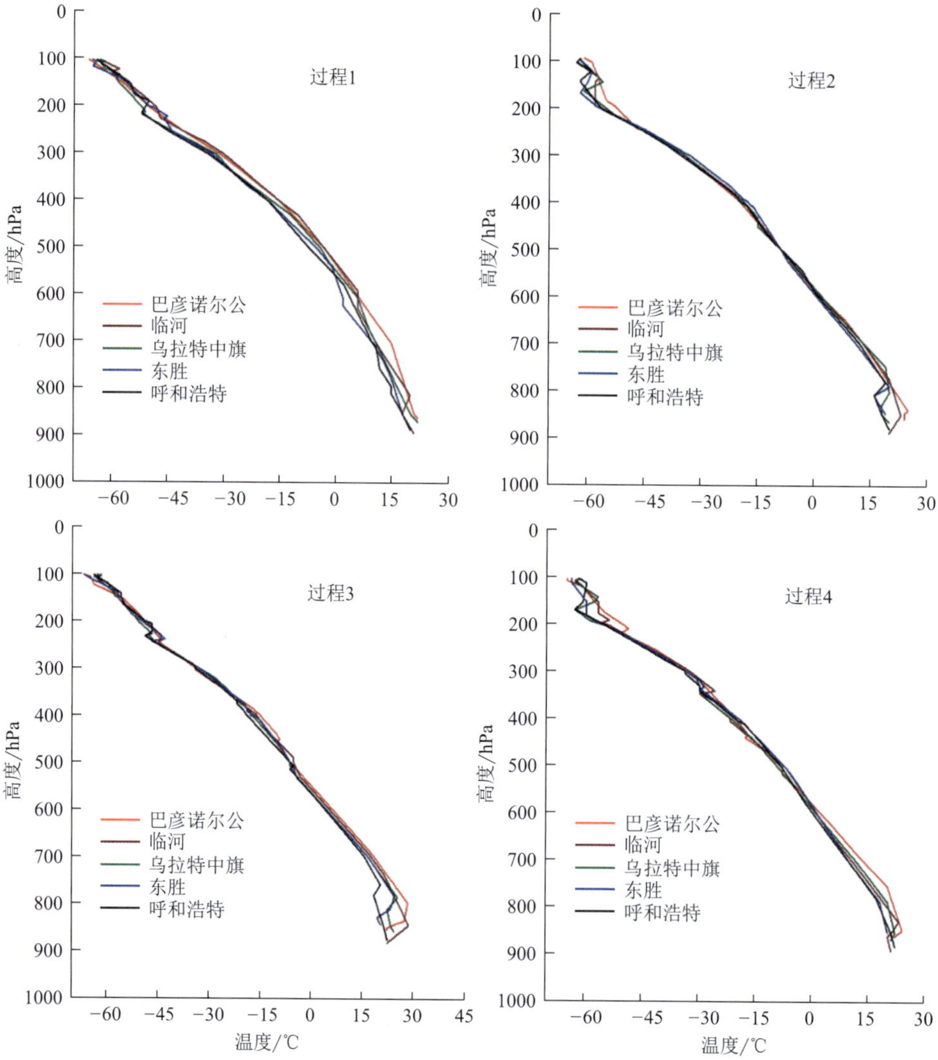

图 4.34　乌海及周边地区 T-ln$P$ 图

表 4.8　过程 1 逆温层及 $O_{3-}8$ h 浓度

探空站	起始高度/m	终止高度/m	两高度层温差/℃	逆温强度/(℃·(100 m)$^{-1}$)	最大 $O_{3-}8$ h 浓度/(μg·m^{-3})
巴彦诺尔公	—	—	—	—	184
临河	1461	1821	2	0.556	182
乌拉特中旗	—	—	—	—	
东胜	1452	1470	0	—	200
呼和浩特	1857	1992	0	—	207

表 4.9　过程 2 逆温层及 $O_{3-}8$ h 浓度

探空站	起始高度/m	终止高度/m	两高度层温差/℃	逆温强度/(℃·(100 m)$^{-1}$)	最大 $O_{3-}8$ h 浓度/(μg·m^{-3})
巴彦诺尔公	1362	1533	1	0.585	210
临河	1101	1470	3	0.813	181
乌拉特中旗	1470	1875	3	0.741	
东胜	1821	1992	4	2.339	222
呼和浩特	1830	2064	3	1.282	222

表 4.10　过程 3 逆温层及 $O_{3-}8$ h 浓度

探空站	起始高度/m	终止高度/m	两高度层温差/℃	逆温强度/(℃·(100 m)$^{-1}$)	最大 $O_{3-}8$ h 浓度/(μg·m^{-3})
巴彦诺尔公	1398	1911	6	1.170	191
临河	1146	1515	6	1.626	179
乌拉特中旗	1785	2019	3	1.282	
东胜	1632	2046	5	1.208	202
呼和浩特	2064	2262	2	1.010	232

表 4.11　过程 4 逆温层及 $O_{3-}8$ h 浓度

探空站	起始高度/m	终止高度/m	两高度层温差/℃	逆温强度/(℃·(100 m)$^{-1}$)	最大 $O_{3-}8$ h 浓度/(μg·m^{-3})
巴彦诺尔公	1407	1515	2	1.852	192
临河	1407	1686	3	1.079	214
乌拉特中旗	1353	1470	1	0.854	
东胜	—	—	—	—	201
呼和浩特	—	—	—	—	193

(2)地面最高气温、平均相对湿度对 O_3 浓度超标的影响

地面最高气温、12—18 时平均相对湿度和 $O_{3-}8$ h 浓度有很好的对应关系(图 4.35),4 次区域性 O_3 污染过程中,乌海 O_3 浓度超标时最高气温在 33 ℃以上;阿拉善、巴彦淖尔、包头 O_3 浓度超标出现在最高气温 30 ℃以上的占近 90%;鄂尔多斯、呼和浩特 O_3 浓度超标出现在最高气温 26～29 ℃以上的占 87%。O_3 浓度超标时,平均相对湿度在西部较干燥的地区≤35%,在降水相对集中的鄂尔多斯、呼和浩特≤45%。

地面最高气温和平均相对湿度对 O_3 浓度超标的影响是相互制约的,在比较干燥的地区,O_3 污染对最高气温要求较高,在 30 ℃以上,容易出现 O_3 浓度超标;在相对湿润的地区,O_3 污染对最高气温要求降低,可低于 30 ℃,特别是鄂尔多斯,呼和浩特。

(3)日照时数、平均相对湿度对 O_3 浓度超标的影响

O_3 浓度超标一般发生在白天晴天的情况下,有利于光化学作用,生成 O_3。由图 4.36 可知:4 次典型区域性 O_3 污染过程中,阿拉善、乌海 O_3 浓度超标时日照时数≥10 h 的占 76%;巴彦淖尔 O_3 浓度超标时日照时数≥10 h 的占 86%;鄂尔多斯 O_3 浓度超标时日照时数≥9 h

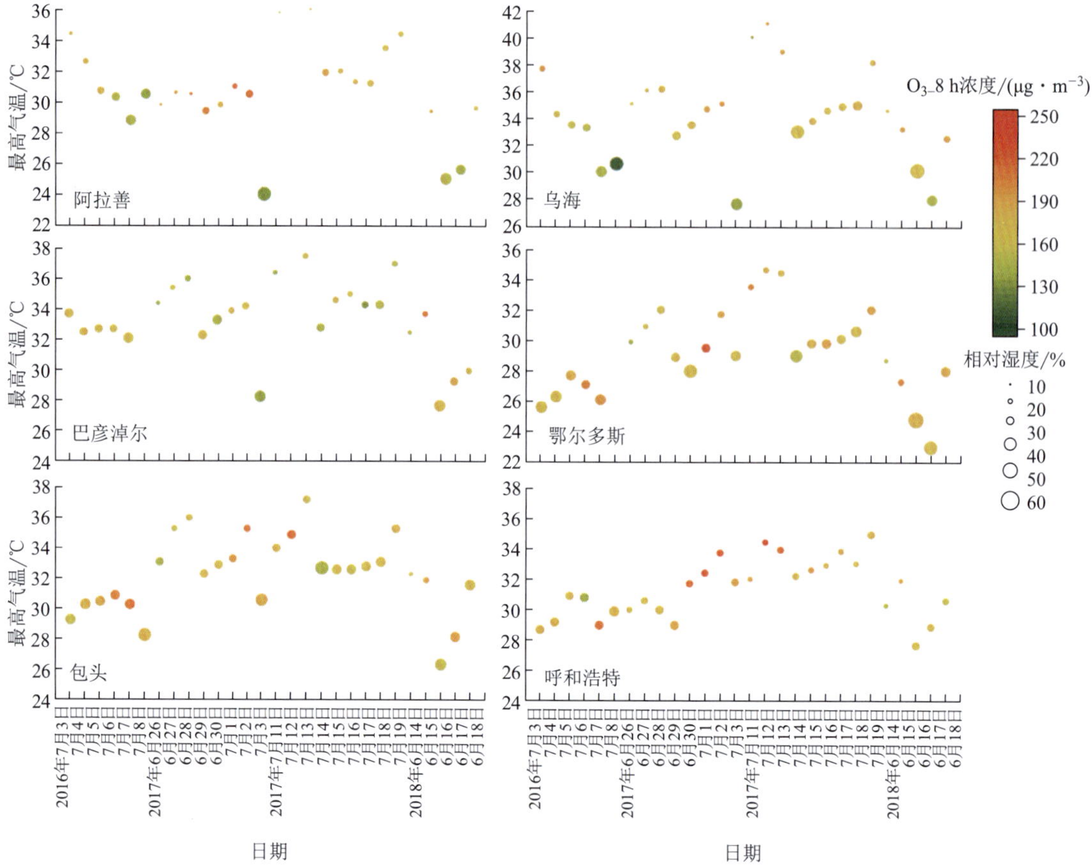

图 4.35　乌海及周边地区 4 次典型区域性 O_3 污染过程最高气温、平均相对湿度

（纵坐标的数字是最高气温，圆圈是相对湿度，彩色是 O_{3-}8 h 浓度）

的占 81%；包头 O_3 浓度超标时日照时数≥8 h 的占 73%；呼和浩特 O_3 浓度超标时日照时数≥8 h 的占 84%。

日照时数和平均相对湿度对 O_3 浓度超标的影响也是相互制约的关系，阿拉善、乌海、巴彦淖尔比较干燥，相对湿度较小，O_3 浓度超标时日照时数基本都在 10 h 以上；鄂尔多斯、包头、呼和浩特相对湿润的地区，O_3 浓度超标发生在日照时数 8 h 以上时段。

（4）地面风向风速

O_3 浓度超标一般发生有利的环流形势下，只有在一定的风向风速条件下才有利于光化合作用，生成 O_3。由图 4.37 可知：4 次典型区域性 O_3 污染过程中，阿拉善 O_3 污染出现在东南风条件下的占 90.5%，风速在 2～5 m·s^{-1}；乌海 O_3 浓度超标出现在东南—西南风条件下的占 82%，风速在 2～4 m·s^{-1}；巴彦淖尔 O_3 浓度超标出现在东北风条件下的占 47%，东南风占 41%，但是 O_{3-}8 h 浓度高的情况还是出现在东南风下，风速在 2～5 m·s^{-1}；鄂尔多斯 O_3 浓度超标出现在东南风、西南风条件下，风速在 1.5～4 m·s^{-1}；包头在各个风向上都可出现 O_3 浓度超标，但 O_3 浓度超标严重是出现在东南风、偏东风条件下，风速在 1.5～5 m·s^{-1}；呼和浩特只有在偏西风时不易出现 O_3 浓度超标，在东南风、西北风时易出现严重的 O_3 浓度超标，风速在 2～5 m·s^{-1}。

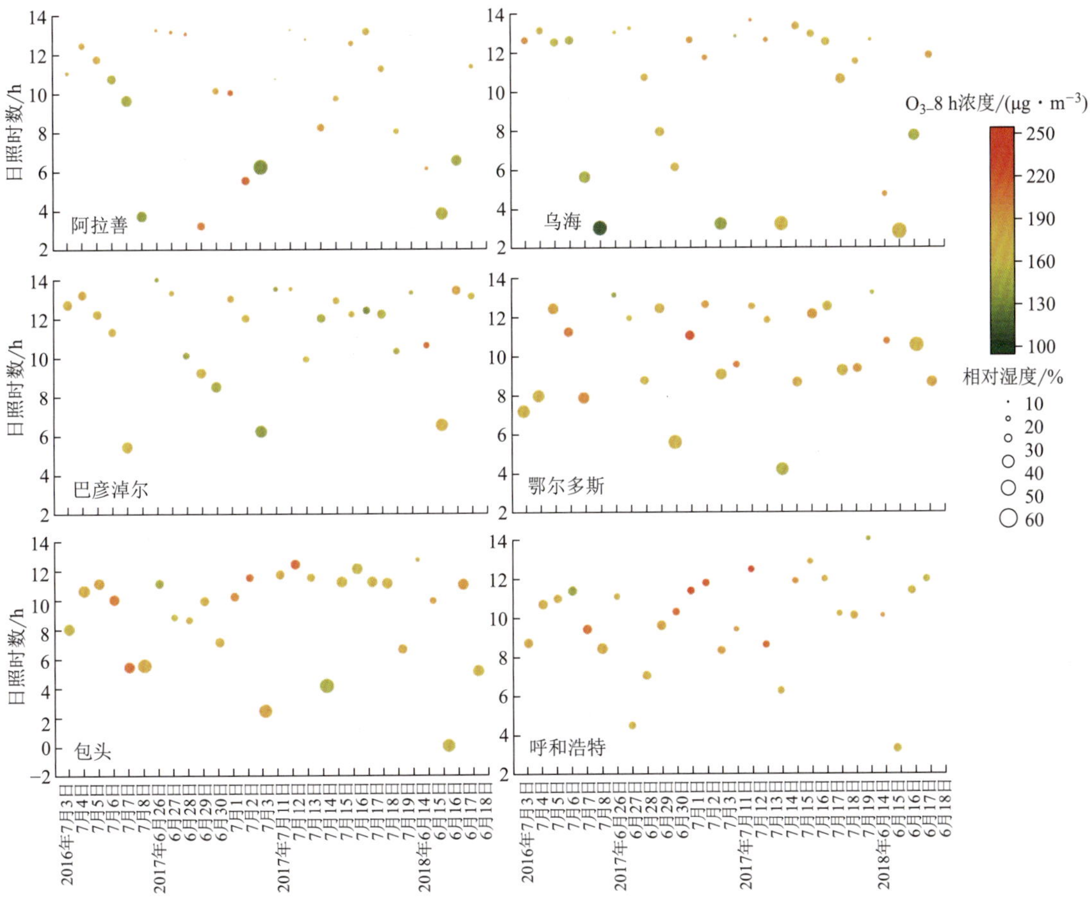

图 4.36　乌海及周边地区 4 次典型区域性 O_3 污染过程日照时数、平均相对湿度

（纵坐标的数字是日照时数，圆圈是相对湿度，彩色是 $O_{3\_}8$ h 浓度）

由于 6 个盟(市)地理位置不同的因素，处在地面系统的位置也不同，所以 O_3 浓度超标时风向有一定差异，但在西南风、南风、东南风方向上 O_3 浓度还是高于其他风向，容易出现 O_3 浓度超标，风速基本都在 2～5 m · s^{-1}。

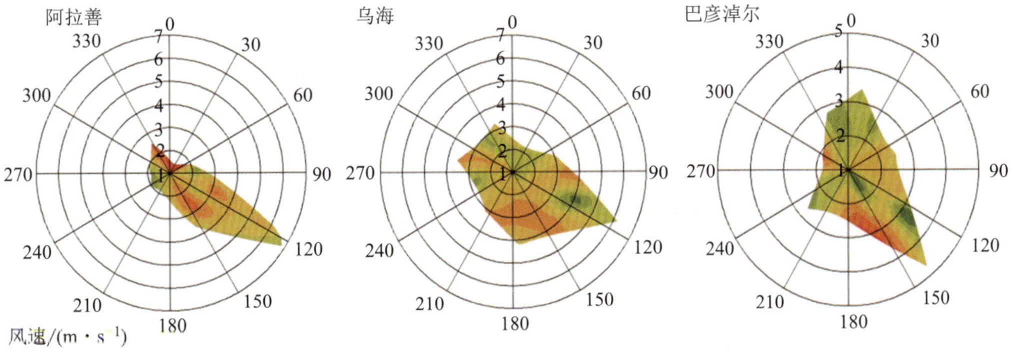

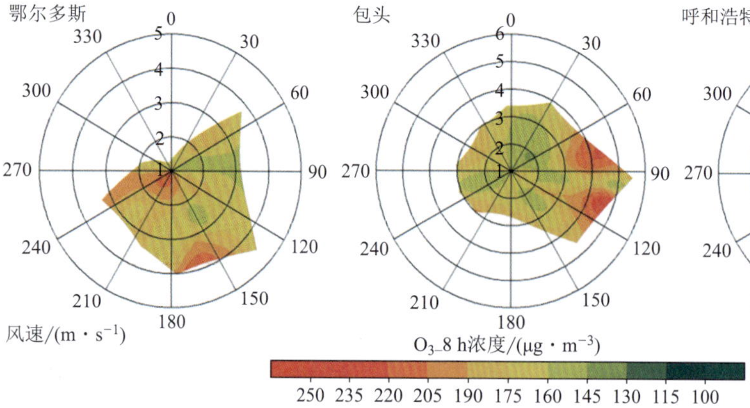

图 4.37　乌海及周边地区 4 次典型区域性 O_3 污染过程风向风速分布

4.4　小结

① 分别对 500 hPa、850 hPa、海平面气压场做了环流客观分型，得出了 O_3 浓度超标时 5 种环流类型，阿拉善以类型 1 的 O_3 浓度超标率最高，乌海、鄂尔多斯以类型 5 的 O_3 浓度超标率最高，巴彦淖尔以类型 4 的 O_3 浓度超标率最高，包头、呼和浩特类型 2 的 O_3 浓度超标率最高。阿拉善、乌海以类型 3 的 $O_{3-}8$ h 浓度平均值最大，其他城市以类型 2 的 $O_{3-}8$ h 浓度平均值最大。

② 各层可归纳总结为 500 hPa 环流场有脊前西北气流型、平直西风型、高压底部东北气流型 3 种；850 hPa 可归纳为高压脊型、脊前西北气流型、均压场型、槽底偏西气流型 4 种；海平面气压场有高压控制型、均压场型、高压南部型、低压前部型 4 种。

③ O_3 污染的一种大气环流形势为高空受暖高压脊或脊前西北气流控制，盛行下沉运动，地面受热低压、暖高压和均压影响，天气晴好，气温较高，有利于光化学反应发生，使得 O_3 浓度不断升高，最后出现 O_3 污染。另一种环流形势是高空为平直西风气流，地面为暖高压，风速较小，不利于污染物扩散，近地层 NO_x、前体物等污染物浓度较高，在光化学反应作用下，易出现 O_3 污染。

④ 在选取的 4 次典型区域性 O_3 污染过程中，乌海及周边地区影响区域大、持续时间长的 O_3 浓度超标多出现在地面至 700 hPa 受热低压前部和暖高压控制的情况下，500 hPa 主要是受暖高压脊控制。中低层存在逆温层(等温层)，逆温强度越强，越易出现 O_3 浓度超标。在比较干燥的地区 12—18 时平均相对湿度≤35%，在相对湿润的地区 12—18 时平均相对湿度≤45%。地面最高气温、日照时数和平均相对湿度对 O_3 浓度超标的影响相互制约，在比较干燥的区域，相对湿度较低，O_3 浓度超标对最高气温和日照时数的要求较高，最高气温≥35 ℃，日照时数≥10 h；在相对湿润的地区，O_3 浓度超标对最高气温和日照时数要求降低，最高气温≥30 ℃，日照时数≥8 h。西南风、南风、东南风，风速 2～5 m · s^{-1}，容易出现 O_3 浓度超标。

第 5 章　6 个盟（市）O_3 浓度预测模型的建立及检验

基于 $O_{3-}8$ h 浓度与气象因子相关性的强弱和光化学反应的基本原理，选取对 $O_{3-}8$ h 浓度影响较大的气象因子日平均气压（X_1）、最高气温（X_2）、平均相对湿度（12—18 时）（X_3）、日照时数（X_4），选用逐步回归、曲线估计方法建立每个城市 4—9 月逐日 $O_{3-}8$ h 浓度（Y）预测模型。

5.1　线性预测模型

（1）阿拉善

4—9 月阿拉善用逐步回归方法建立了预测模型，选取了最高气温作为预报因子，$R^2=0.371$、$F=620.639$、$S_{ig}=0.000$，方程通过了显著性检验（表 5.1）。标准化残差分布符合正态分布（图 5.1）。

方程为：$Y=2.475X_2+71.385$　　(5.1)

表 5.1　阿拉善线性预测模型系数估计

模型	系数	t	S_{ig}	共线性统计量	
				容差	VIF
常量	71.385	28.471	0.000		
最高气温	2.475	24.913	0.000	1.000	1.000

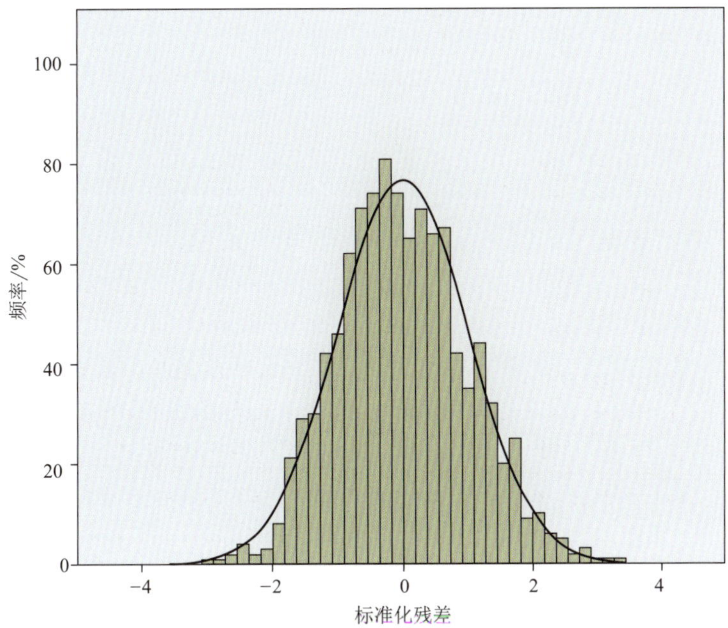

图 5.1　阿拉善线性回归残差分布

(2)乌海

4—9月乌海用逐步回归方法建立了4个预测模型，选择 R^2 最大，F 最小的第4个预测模型。$R^2=0.393$、$F=172.169$、$S_{ig}<0.05$ 方程通过了显著性检验(表5.2)。标准化残差分布符合正态分布(图5.2)

方程为：$Y=-1.142X_1+1.865X_2-0.106X_3+0.975X_4+1080.713$ (5.2)

表5.2 乌海线性预测模型系数估计

序号	模型	系数	t	S_{ig}	共线性统计量	
					容差	VIF
1	常量	48.988	14.825	0.000		
	最高气温	2.777	24.056	0.000	1.000	1.000
2	常量	45.366	3.315	0.000		
	最高气温	2.569	0.119	0.000	0.909	1.100
	日照时数	1.048	0.181	0.000	0.909	1.100
3	常量	1050.470	6.037	0.000		
	最高气温	1.855	10.879	0.000	0.432	2.317
	日照时数	1.297	7.057	0.000	0.859	1.164
	平均气压	−1.114	−5.777	0.000	0.473	2.112
4	常量	1080.713	6.199	0.000		
	最高气温	1.865	10.951	0.000	0.431	2.319
	日照时数	0.975	4.067	0.000	0.504	1.985
	平均气压	−1.142	−5.917	0.000	0.471	2.123
	平均相对时数	−0.106	−2.092	0.037	0.554	1.805

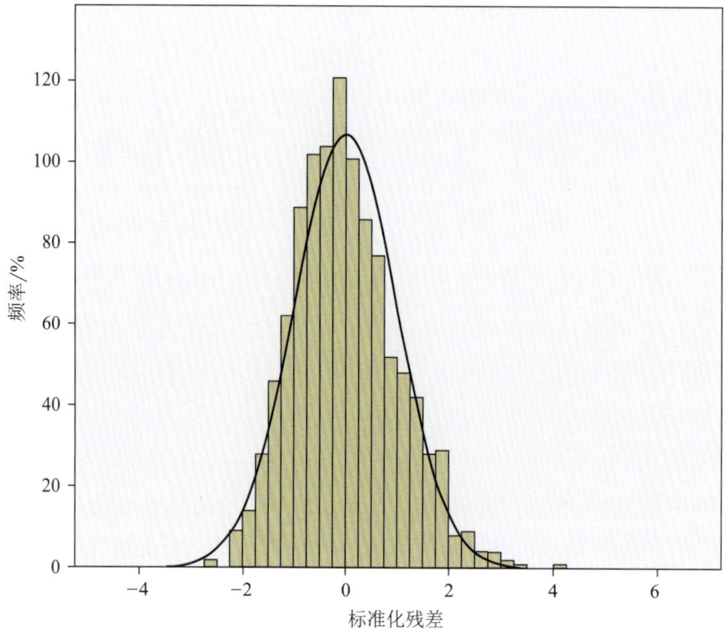

图5.2 乌海线性回归残差分布

(3)巴彦淖尔

4—9 月巴彦淖尔用逐步回归方法建立了 2 个预测模型，选择 R^2 最大，F 最小的第 2 个预测模型。$R^2=0.289$、$F=220.621$、$S_{ig}=0.000$ 方程通过了显著性检验(表 5.3)。标准化残差分布符合正态分布(图 5.3)。

方程为：$Y=2.137X_2+0.893X_4+55.408$ (5.3)

表 5.3　巴彦淖尔线性预测模型系数估计

序号	模型	系数	t	S_{ig}	共线性统计量	
					容差	VIF
1	常量	60.571	19.901	0.000		
	最高气温	2.271	20.142	0.000	1.000	1.000
2	常量	55.408	17.457	0.000		
	最高气温	2.137	18.668	0.000	0.948	1.055
	日照时数	0.893	5.113	0.000	0.948	1.055

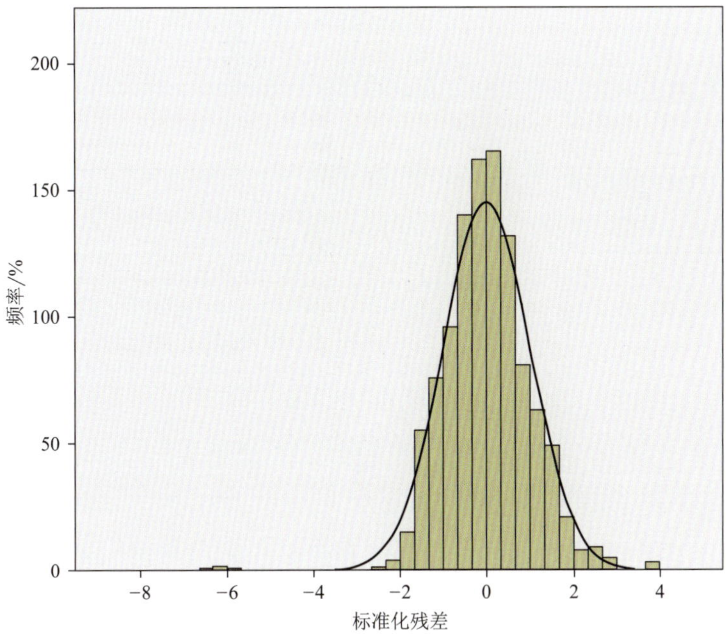

图 5.3　巴彦淖尔线性回归残差分布

(4)鄂尔多斯

4—9 月鄂尔多斯用逐步回归方法建立了 2 个预测模型，选择 R^2 最大，F 最小的第 2 个预测模型。$R^2=0.381$、$F=381.485$、$S_{ig}=0.000$ 方程通过了显著性检验(表 5.4)。标准化残差分布符合正态分布(图 5.4)。

方程为：$Y=2.905X_2+0.576X_4+60.562$ (5.4)

表 5.4　鄂尔多斯线性预测模型系数估计

序号	模型	系数	t	S_{ig}	共线性统计量	
					容差	VIF
1	常量	63.544	24.55	0.000		
	最高气温	2.986	27.241	0.000	1.000	1.000
2	常量	60.562	22.425	0.000		
	最高气温	2.905	26.096	0.000	0.960	1.041
	日照时数	0.576	3.668	0.000	0.960	1.041

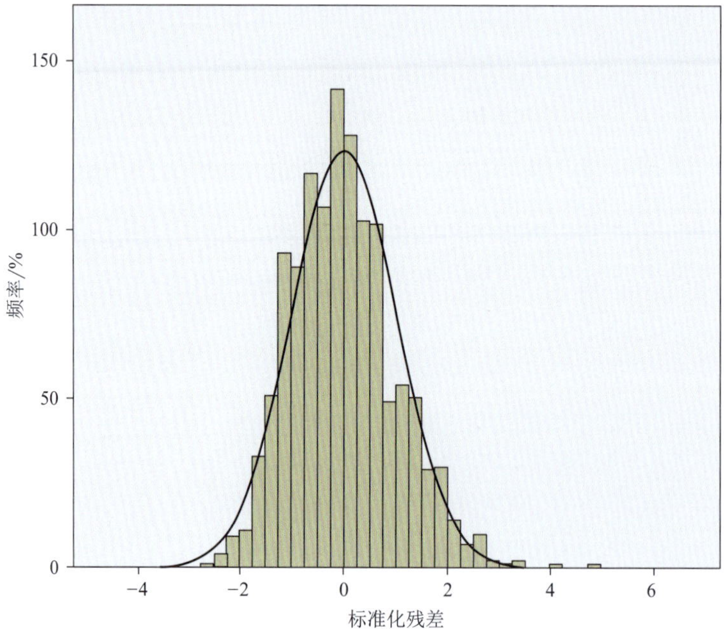

图 5.4　鄂尔多斯线性回归残差分布

(5)包头

4—9 月包头用逐步回归方法建立了 2 个线性预测模型，选择 R^2 最大，F 最小的第 2 个预测模型。$R^2=0.416$、$F=374.305$、$S_{ig}=0.000$ 方程通过了显著性检验(表 5.5)。标准化残差分布符合正态分布(图 5.5)。

方程为：$Y=3.489X_2+0.371X_4+29.445$　　(5.5)

表 5.5　包头线性预测模型系数估计

序号	模型	系数	t	S_{ig}	共线性统计量	
					容差	VIF
1	常量	31.184	9.078	0.000		
	最高气温	3.546	27.248	0.000	1.000	1.000

续表

序号	模型	系数	t	S_{ig}	共线性统计量	
					容差	VIF
2	常量	29.445	8.321	0.000		
	最高气温	3.489	26.232	0.000	0.954	1.048
	日照时数	0.371	2.001	0.000	0.954	1.048

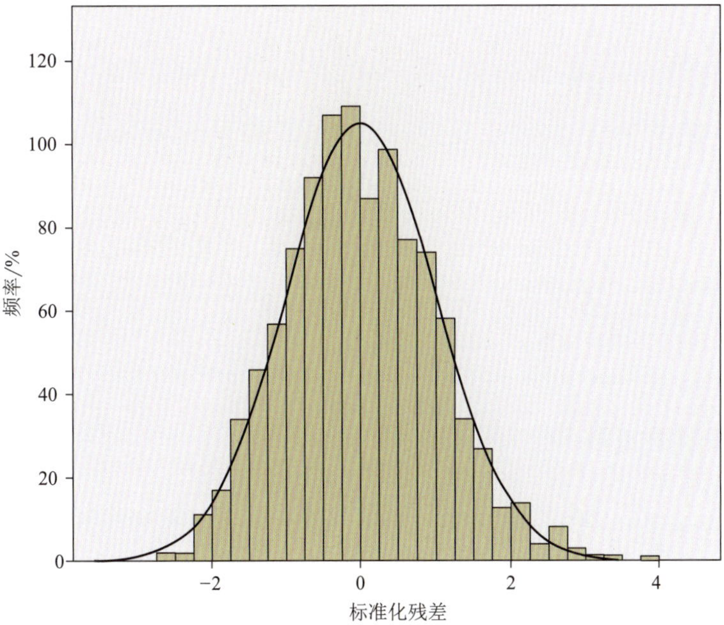

图 5.5　包头线性回归残差分布

(6)呼和浩特

4—9 月呼和浩特用逐步回归方法建立了 2 个预测模型，选择 R^2 最大，F 最小的第 2 个预测模型。$R^2=0.459$、$F=461.253$、$S_{ig}=0.000$ 方程通过了显著性检验(表 5.6)。标准化残差分布符合正态分布(图 5.6)。

方程为：$Y=3.796X_2-0.083X_3+32.41$　　(5.6)

表 5.6　呼和浩特线性预测模型系数估计

序号	模型	系数	t	S_{ig}	共线性统计量	
					容差	VIF
1	常量	28.957	9.138	0.000		
	最高气温	3.819	30.216	0.000	1.000	1.000
2	常量	32.41	9.309	0.000		
	最高气温	3.796	30.012	0.000	0.994	1.006
	平均相对湿度	−0.083	−2.37	0.018	0.994	1.006

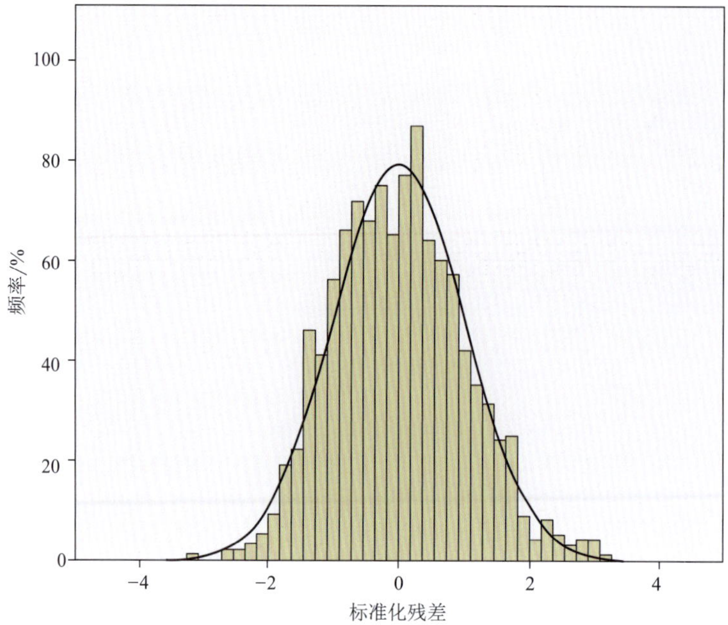

图 5.6　呼和浩特线性回归残差分布

5.2　线性预测模型检验

使用 2021 年 4—9 月的资料对以上 6 个盟(市)$O_{3-}8$ h 浓度预测模型进行检验，结果显示(图 5.7)，6 个盟(市)的预测模型比较准确，方差在 0.29～0.46，包头方差最大，巴彦淖尔方差最小。预测模型基本能够反映 $O_{3-}8$ h 浓度实况的变化趋势，变化趋势预测得比较好，但对于异常高值、低值预测仍存在一定误差。

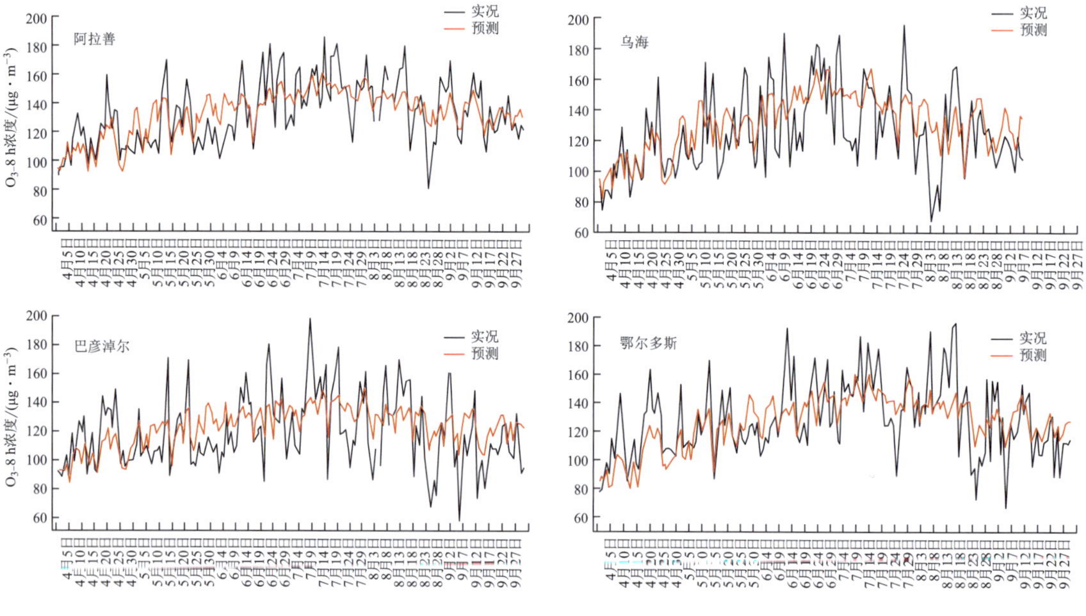

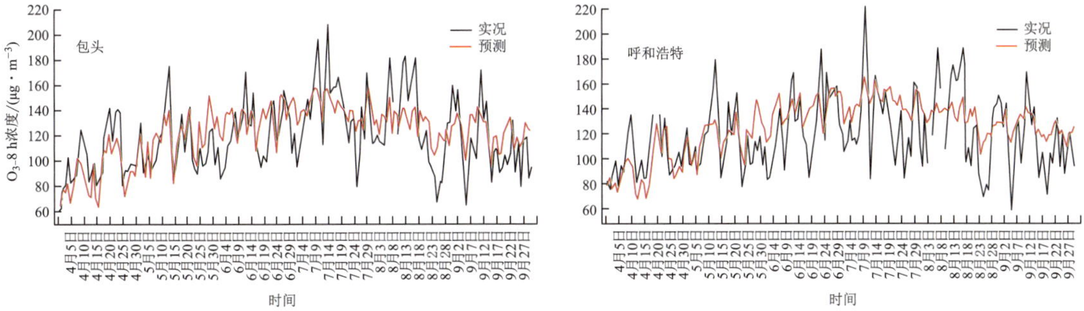

图 5.7　线性预测模型预测与实况(2021 年)对比

由图 5.8 可见，在 $O_{3-}8$ h 浓度值较小的情况下，预测模型效果比较好，实况值与预测值的误差基本在±20 μg·m^{-3} 以内，在 $O_{3-}8$ h 浓度值较大的情况下，预测效果略有减弱，实况值与预测值的误差可超过±40 μg·m^{-3}。

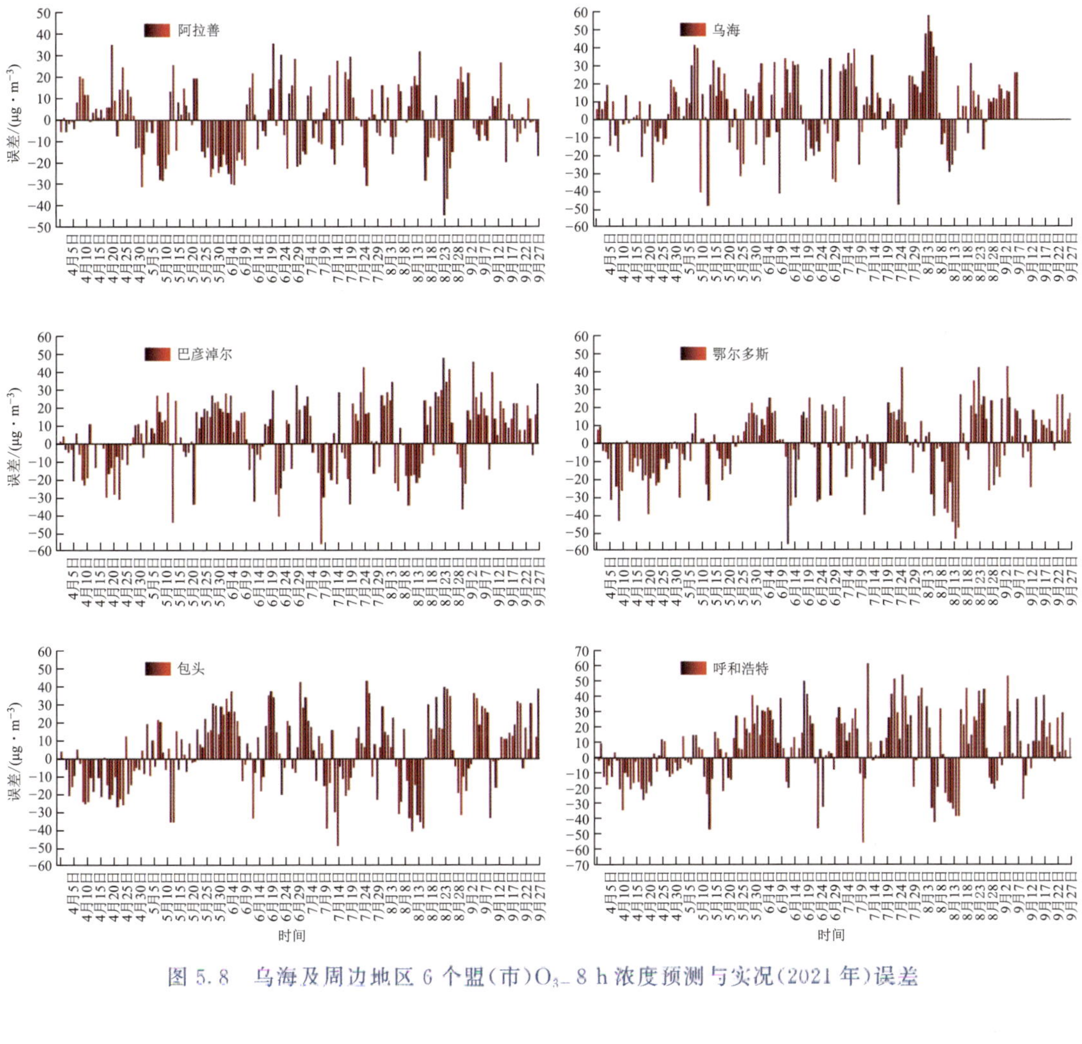

图 5.8　乌海及周边地区 6 个盟(市)$O_{3-}8$ h 浓度预测与实况(2021 年)误差

5.3 非线性预测模型

选取对 $O_{3-}8$ h 浓度影响较大的气象因子日平均气压(X_1)、最高气温(X_2)、平均相对湿度(12—18 时)(X_3)、日照时数(X_4),先对各单个因子进行曲线估计,选择 R^2 相对大、F 值相对小、通过显著性检验的曲线类型。再建立非线性方程,用最小二乘法求解非线性方程的系数,得到 $O_{3-}8$ h 浓度(Y)预测模型。

(1)阿拉善

① 各气象因子曲线估计(表 5.7)

表 5.7 阿拉善各气象因子曲线估计结果

因子	方程	R^2	S_{ig}	F
平均气压(X_1)	线性	0.182	0.000	235.010
最高气温(X_2)	二次	0.379	0.000	320.815
平均相对湿度(X_3)	二次	0.02	0.000	10.878
日照时数(X_4)	三次	0.29	0.000	15.577

根据以上对各气象因子的曲线估计,最高气温、平均相对湿度选择 2 次函数,日照选择 3 次函数,平均气压选择线性函数。

② 非线性预测模型

建立 $Y=aX_1+bX_2{}^2+cX_2+dX_3{}^2+eX_3+fX_4{}^3+gX_4{}^2+hX_4+i$ 的非线性预测模型,根据估算得到各系数,$R^2=0.394$(表 5.8)。

$$\begin{aligned}Y=&-0.148X_1+0.072X_2{}^2-0.914X_2+0.005X_3{}^2-0.003X_3\\&+0.165X_4{}^3+0.006X_4{}^2-1.246X_4+238.715\end{aligned} \tag{5.7}$$

表 5.8 阿拉善非线性预测模型系数

参数	估计	标准误差	95%置信区间	
			下限	上限
a	−0.148	0.184	−0.51	0.213
b	0.072	0.014	0.045	0.098
c	−0.941	0.626	−2.17	0.287
d	0.005	0.012	−0.018	0.029
e	−0.003	0.001	−0.006	−0.001
f	0.165	0.101	−0.034	0.364
g	0.006	0.248	−0.48	0.492
h	−1.246	1.474	−4.138	1.646
i	238.715	156.214	−67.813	545.243

(2)乌海

① 各气象因子曲线估计

根据各气象因子的曲线估计,选择最高气温 2 次函数,日照选择 3 次函数,平均相对湿度、平均气压选择线性函数(表 5.9)。

表 5.9　乌海各气象因子曲线估计结果

因子	方程	R^2	S_{ig}	F
平均气压(X_1)	线性	0.240	0.000	333.073
最高气温(X_2)	二次	0.378	0.000	320.462
平均相对湿度(X_3)	线性	0.068	0.000	25.848
日照时数(X_4)	三次	0.110	0.000	43.494

② 非线性预测模型

建立了 $Y=aX_1+bX_2^2+cX_2+dX_3+eX_4^3+fX_4^2+gX_4+h$ 的非线性预测模型，根据估算得到各系数，$R^2=0.409$(表 5.10)。

$$Y=-1.012X_1+0.078X_2^2-2.106X_2-0.107X_3-0.004X_4^3+0.103X_4^2+0.159X_4+1015.524 \tag{5.8}$$

表 5.10　乌海非线性预测模型系数

参数	估计	标准误差	95%置信区间	
			下限	上限
a	−1.012	0.193	−1.392	−0.633
b	0.078	0.015	0.05	0.107
c	−2.106	0.756	−3.589	−0.623
d	−0.107	0.051	−0.207	−0.006
e	−0.004	0.013	−0.031	0.022
f	0.103	0.281	−0.449	0.654
g	0.159	1.634	−3.047	3.364
h	1015.524	173.986	674.124	1356.924

(3)巴彦淖尔

① 各气象因子曲线估计

根据各气象因子的曲线估计，选择最高气温 2 次函数，日照选择 3 次函数，平均相对湿度、平均气压选择线性函数(表 5.11)。

表 5.11　巴彦淖尔各气象因子曲线估计结果

因子	方程	R^2	S_{ig}	F
平均气压(X_1)	线性	0.156	0.000	194.570
最高气温(X_2)	二次	0.360	0.000	295.807
平均相对湿度(X_3)	线性	0.062	0.000	23.366
日照时数(X_4)	三次	0.077	0.000	29.130

② 非线性预测模型

建立了 $Y=aX_1+bX_2^2+cX_2+dX_3+eX_4^3+fX_4^2+gX_4+h$ 的非线性预测模型，根据估算得到各系数，$R^2=0.379$(表 5.12)。

$$Y=-0.221X_1+0.097X_2^2-2.561X_2-0.06X_3-0.013X_4^3+0.222X_4^2+0.022X_4+309.563 \quad (5.9)$$

表 5.12 巴彦淖尔非线性预测模型系数

参数	估计	标准误差	95%置信区间	
			下限	上限
a	−0.221	0.162	−0.540	0.098
b	0.097	0.013	0.072	0.123
c	−2.561	0.630	−3.796	−1.326
d	−0.060	0.047	−0.152	0.032
e	−0.013	0.012	−0.037	0.010
f	0.222	0.269	−0.305	0.750
g	0.022	1.700	−3.313	3.358
h	309.563	147.070	20.977	598.150

(4)鄂尔多斯

① 各气象因子曲线估计

根据各气象因子的曲线估计，选择最高气温 3 次函数，日照选择 3 次函数，平均相对湿度、平均气压选择线性函数(表 5.13)。

表 5.13 鄂尔多斯各气象因子曲线估计结果

因子	方程	R^2	S_{ig}	F
平均气压(X_1)	线性	0.098	0.000	133.655
最高气温(X_2)	三次	0.387	0.000	260.182
平均相对湿度(X_3)	线性	0.094	0.000	42.528
日照时数(X_4)	三次	0.052	0.000	22.570

② 非线性预测模型

建立了 $Y=aX_1+bX_2^3+cX_2^2+dX_2+eX_3+fX_4^3+gX_4^2+hX_4+i$ 的非线性预测模型，根据估算得到各系数，$R^2=0.399$(表 5.14)。

$$Y=0.321X_1-0.001X_2^3+0.136X_2^2-0.868X_2-0.002X_3 -0.105X_4^3+0.17X_4^2+0.655X_4-185.675 \quad (5.10)$$

表 5.14 鄂尔多斯非线性预测模型系数

参数	估计	标准误差	95%置信区间	
			下限	上限
a	0.321	0.188	−0.048	0.690
b	−0.001	0.002	−0.005	0.002
c	0.136	0.110	−0.080	0.352
d	−0.868	2.100	−4.989	3.253
e	−0.002	0.042	−0.085	0.080

续表

参数	估计	标准误差	95%置信区间	
			下限	上限
f	−0.015	0.013	−0.040	0.010
g	0.170	0.264	−0.347	0.687
h	0.655	1.496	−2.280	3.589
i	−185.675	161.537	−502.594	131.244

(5)包头

① 各气象因子曲线估计

根据各气象因子的曲线估计，选择最高气温 2 次函数，日照选择 3 次函数，平均相对湿度、平均气压选择线性函数(表 5.15)。

表 5.15　包头各气象因子曲线估计结果

因子	方程	R^2	S_{ig}	F
平均气压(X_1)	线性	0.195	0.000	255.792
最高气温(X_2)	二次	0.451	0.000	288.104
平均相对湿度(X_3)	线性	0.093	0.000	35.815
日照时数(X_4)	三次	0.049	0.000	18.002

② 非线性预测模型

建立了 $Y=aX_1+bX_2^2+cX_2+dX_3+eX_4^3+fX_4^2+gX_4+h$ 的非线性预测模型，根据估算得到各系数，$R^2=0.466$(表 5.16)。

$$Y=-0.264X_1+0.146X_2^2-3.315X_2+0.052X_3-0.015X_4^3+0.064X_4^2+2.055X_4+335.718 \tag{5.11}$$

表 5.16　包头非线性预测模型系数

参数	估计	标准误差	95%置信区间	
			下限	上限
a	−0.264	0.197	−0.650	1.220
b	0.146	0.129	−0.107	0.399
c	−3.315	2.758	−8.728	2.098
d	0.052	0.057	−0.058	0.163
e	−0.015	0.014	−0.042	0.012
f	0.064	0.288	−0.500	0.629
g	2.055	1.685	−1.251	5.360
h	335.718	179.895	−17.279	688.715

(6)呼和浩特

① 各气象因子曲线估计

根据各气象因子的曲线估计，选择最高气温 3 次函数，日照选择 2 次函数，平均相对湿度、平均气压选择线性函数(表 5.17)。

表 5.17　呼和浩特各气象因子曲线估计结果

因子	方程	R^2	S_{ig}	F
平均气压(X_1)	线性	0.147	0.000	183.359
最高气温(X_2)	三次	0.522	0.000	386.220
平均相对湿度(X_3)	线性	0.077	0.000	29.368
日照时数(X_4)	二次	0.060	0.000	22.642

② 非线性预测模型

建立了 $Y=aX_1+bX_2^3+cX_2^2+dX_2+eX_3+fX_4^2+gX_4+h$ 的非线性预测模型,根据估算得到各系数,$R^2=0.528$(表 5.18)。

$$Y=-0.06X_1+0.005X_2^2-0.153X_2+2.617X_3-0.004X_4^3-0.156X_4^2+2.335X_4+116.038 \quad (5.12)$$

表 5.18　呼和浩特非线性预测模型系数

参数	估计	标准误差	95%置信区间	
			下限	上限
a	−0.060	0.190	−0.432	0.312
b	0.005	0.002	0.001	0.009
c	−0.153	0.121	−0.390	0.085
d	2.617	2.609	−2.110	7.344
e	−0.004	0.049	−0.101	0.093
f	−0.156	0.047	−0.248	−0.063
g	2.335	0.723	0.917	3.754
h	116.038	169.114	−215.802	447.877

5.4　非线性预测模型检验

使用 2021 年 4—9 月的资料对以上 6 个盟(市)非线性 O_3-8 h 浓度预测模型进行检验,结果显示(图 5.9):6 个盟(市)的预测模型比较准确,相关系数 R^2 在 0.38～0.53,呼和浩特相关系数最大,巴彦淖尔相关系数最小,比线性预测模型有明显提高,特别是呼和浩特。非线性预测模型基本能够反映 O_3-8 h 浓度实况的变化趋势,变化趋势预测得比较好,对异常高值和低值有一定的预报能力。

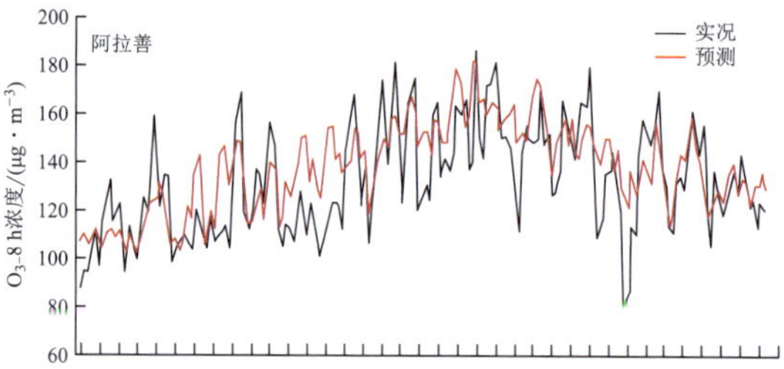

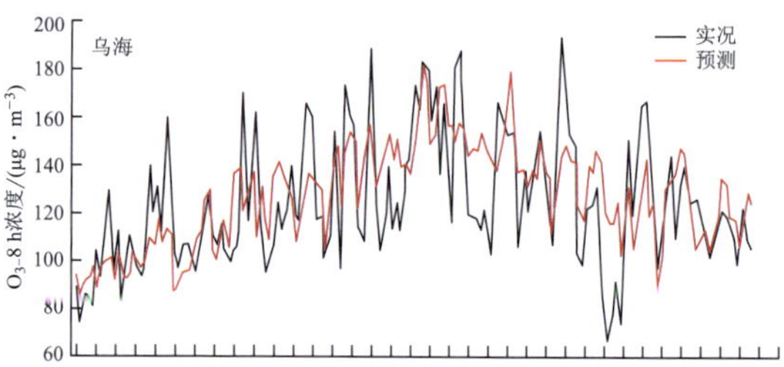

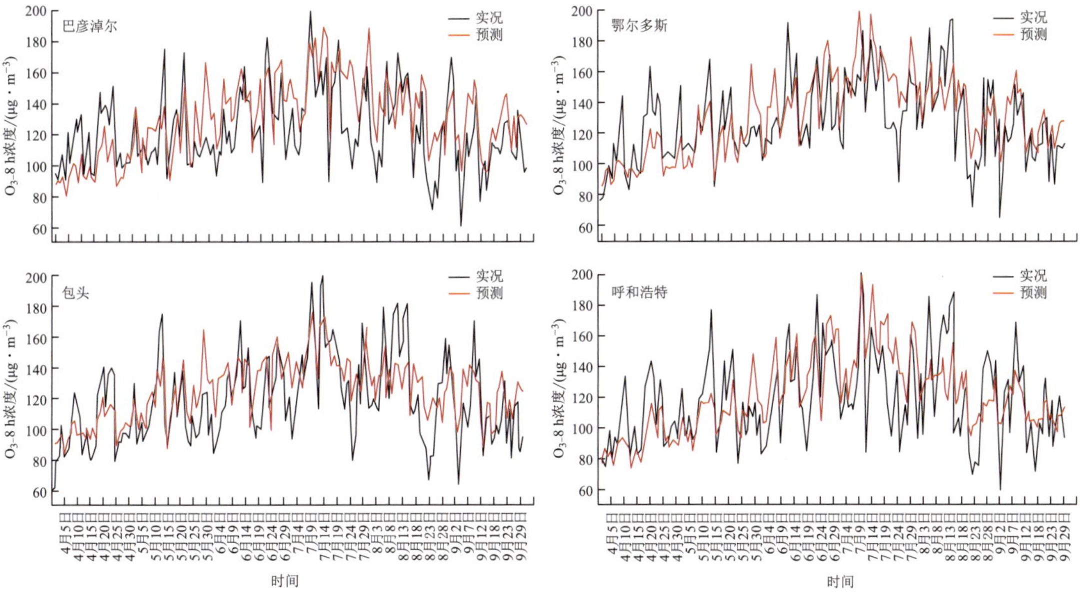

图 5.9　非线性预测模型预测与实况(2021 年)对比

5.5　检验评估

选取了 2022 年的 5 次区域性 O_3 污染过程，分别为 5 月 20 日(过程 1)、5 月 22—23 日(过程 2)、6 月 17—20 日(过程 3)、6 月 24—25 日(过程 4)、7 月 6—7 日(过程 5)，对上述 5 个区域性 O_3 污染过的环流分型、物理量指标、O_{3-}8 h 浓度预报结果等方面进行检验评估。

5.5.1　环流类型及逆温层

由表 5.19 可以看出，2022 年 5 次典型区域性 O_3 污染过程的 500 hPa 环流类型有脊前西北气流型、高压底部东北气流型、平直西风型，海平面气压场以低压前部型和均压场为主，850 hPa 以高压脊型、槽底偏西气流为主，符合本研究的环流客观分型结果。均有逆温层存在，绝大部分符合逆温强度越强，O_{3-}8 h 浓度越大，O_3 污染越严重的规律。

表 5.19　环流客观分型检验结果

过程	500 hPa	850 hPa	海平面气压场	逆温层		最大 O_{3-}8 h
				有无	强度/(℃·(100 m)$^{-1}$)	浓度/(μg·m^{-3})
过程 1	脊前西北气流	均压场	均压场	有	2.15	189
过程 2	高压底部东北气流	高压脊	低压前部	有	2.26	176
过程 3	高压底部东北气流	槽底偏西气流	低压前部	有	2.96	206
过程 4	平直西风	高压脊	—	有	2.86	217
过程 5	脊前西北气流转平直西风	槽底偏西气流	低压前部	有	1.70	197

5.5.2 物理量指标

本研究的物理量指标在2022年的检验情况由表5.20可以看出，在O_3浓度超标时，乌海最高气温≥35 ℃的占比是83%，阿拉善最高气温≥30 ℃的占比是64%，巴彦淖尔、包头、呼和浩特最高气温≥30 ℃的占比在76%及以上，鄂尔多斯最高气温≥28 ℃的占比是67%。

在O_3浓度超标时，阿拉善、乌海12—18时平均相对湿度≤30%，巴彦淖尔、鄂尔多斯、包头、呼和浩特12—18时平均相对湿度为15%～45%的占比在71%及以上，巴彦淖尔12—18时平均相对湿度在15%～45%的占比最高为100%。

在O_3浓度超标时，阿拉善、乌海、巴彦淖尔的日照时数≥10 h的占比在67%及以上，包头日照时数≥8 h的占比是88%，鄂尔多斯日照时数≥7 h占比是94%，呼和浩特日照时数≥7 h占比是71%，指标的整体效果较好。

表5.20 地面物理量指标占比检验(单位:%)

城市	最高气温	12—18时平均相对湿度	日照时数
阿拉善	64(T_{max}≥30 ℃)	82(RH≤30%)	73(S≥10 h)
乌海	83(T_{max}≥35 ℃)	83(RH≤30%)	67(S≥10 h)
巴彦淖尔	100(T_{max}≥30 ℃)	100(15%≤RH≤45%)	67(S≥10 h)
鄂尔多斯	67(T_{max}≥28 ℃)	94(15%≤RH≤45%)	94(S≥7 h)
包头	76(T_{max}≥30 ℃)	71(15%≤RH≤45%)	88(S≥8 h)
呼和浩特	83(T_{max}≥30 ℃)	78(15%≤RH≤45%)	71(S≥7 h)

5.5.3 非线性预测模型检验

本研究成果中得到乌海及周边地区$O_{3-}8$ h浓度的非线性预测模型，对其用2022年的资料检验，结果如表5.21所示，各城市的准确率在60%以上，乌海最高为75%，预报效果整体良好。

表5.21 非线性预测模型检验(单位:%)

城市	阿拉善	乌海	巴彦淖尔	鄂尔多斯	包头	呼和浩特
准确率	64	75	67	67	71	61
漏报率	36	25	33	33	29	38

5.6 小结

选取对$O_{3-}8$ h浓度影响较大的气象因子，分别用逐步回归、曲线估计方法建立了6个盟(市)4—9月$O_{3-}8$ h浓度的线性预测模型和非线性预测模型。对比分析两种预测模型，非线性预测模型比线性预测模型的效果明显提高。非线性预测模型整体预测效果良好，能够反映$O_{3-}8$ h浓度实况的变化趋势，同时对异常高值和低值有一定的预报能力。在2022年区域性O_3污染过程中检验效果良好，在实际业务应用中可以将环流客观分型、地面要素物理量指标、预测模型结果三者相结合，这样会使预报效果更好。

参考文献

常炉予，许建明，瞿元昊，等，2019．上海市 O_3 污染的大气环流客观分型研究[J]．环境科学学报，39(1)：169-179．

陈浪，赵川，关茗洋，等，2017．我国大气臭氧污染现状及人群健康影响[J]．环境与职业医学，34(11)：1025-1030．

陈培章，陈道劲，2019．兰州主城臭氧污染特征及气象因子分析[J]．气象与环境学报，35(2)：46-54．

陈艳，2019．莆田市臭氧污染特征和典型污染过程[J]．海峡科学，150(6)：24-29．

陈志青，邵天杰，赵景波，2019．近 3 a 内蒙古地区 O_3 浓度时空变化及其影响因素[J]．干旱区研究，36(4)：990-996．

胡亚男，王佳，徐丽娜，等，2022．内蒙古近地面臭氧污染时空分布特征及气象条件分析[J]．中国环境监测，38(5)：65-72．

黄振中，2004．中国大气污染防治技术综述[J]．世界科技研究与发展(2)：30-35．

靳少非，2019．福建省臭氧污染变化特征分析[J]．气象科技进展，9(3)：52-55．

李明华，甘泉，曹静，等，2019．惠州市臭氧污染特征及其与气象条件关系研究[J]．热带气象学报，35(3)：324-331．

李晓虹，姜文娟，马映雪，等，2022．银川都市圈不同功能区臭氧污染及超标特征[J]．甘肃科学学报，34(5)：53-58．

李莹，朱凌云，闫世明，等，2016．气象因素对太原夏季近地面臭氧浓度的影响[J]．科技与创新(18)：26-28．

李源，孔君，徐虹，等，2019．天津市臭氧污染特征及来源解析研究[J]．环境污染与防治，41(6)：646-651．

梁卓然，顾婷婷，杨续超，等，2017．基于环流分型法的地面臭氧预测模型[J]．中国环境科学，37(12)：4469-4479．

刘婵芳，宋鑫，李小兵，等，2022．深圳市一次典型春季臭氧污染事件成因研究[J]．环境科学学报，42(10)：62-70．

刘枢，王铎，陈宗娇，等，2018．辽宁省环渤海地区臭氧污染趋势及时空分布特征[J]．环境科学与技术，41(S1)：257-262．

刘瑀菲，汪宇，潘泽凯，等，2019．广东沿海一次 O_3 重污染过程的成因分析[J]．环境工程，37(5)：200-203．

卢宁生，张小玲，杜云松，等，2023．成都平原城市群夏季臭氧污染天气形势与潜在源分析[J]．高原气象，42(2)：1-14．

马秉吉，马玉霞，虞志昂，等，2019．兰州市近地面臭氧污染分布特征[J]．环境保护科学，45(3)：60-65．

缪国军，张镭，杨德保，2004．大气污染防治与可持续发展探讨[J]．环境研究与监测，17(3)：5．

潘文琪，肖国杰，孟林夕，等，2019．杭州市臭氧污染特征及其气象成因分析[J]．成都信息工程大学学报，34(6)：664-670．

彭林，李淇，蔡青旺，等，2023．2015—2020 年臭氧对中国主要粮食作物产量及其经济效益的影响[J]．安全与环境学报，23(8)：2958-2968．

齐艳杰，于世杰，杨健，等，2020．河南省臭氧污染特征与气象因子影响分析[J]．环境科学，41(2)：587-599．

阮虞清，李林岑，黄梓芸，等，2021．夏季川渝地区臭氧污染的气象成因研究[J]．成都信息工程大学学报，36(4)：425-433．

史文彬,屈坤,严宇,等,2022. 成都市夏季臭氧污染的环流分型与来源分析[J]. 北京大学学报(自然科学版),58(3):565-574.

苏筱倩,安俊琳,张玉欣,2019. 基于支持向量机回归和小波变换的 O_3 预报方法[J]. 中国环境科学,39(9):3719-3726.

谈昌蓉,郭晓宁,陈奇,等,2019. 西宁近地面臭氧特征及其影响因素[J]. 干旱气象,37(1):31-39.

万羽,2022. 欧亚积雪和极端天气对中国臭氧的影响和机制[D]. 南京:南京信息工程大学.

汪海恒,沈傲,许亦非,等,2022. 粤北地区一次臭氧污染过程分析及数值模拟[J]. 环境科学学报,42(10):49-61.

王敏,方欣,王毛翠,等,2022. 合肥地表臭氧变化特征及气象要素影响分析[J]. 大气与环境光学学报,17(2):205-212.

王文波,翁佳烽,梁倩敏,等,2019. 肇庆市臭氧污染的气象影响及预测方法[J]. 广东气象,41(1):27-30.

王文兴,柴发合,任阵海,等,2019. 新中国成立 70 年来我国大气污染防治历程、成就与经验[J]. 环境科学研究,32(10):1621-1635.

吴刚,2015. 大气污染防治措施研究进展[J]. 中国资源综合利用,33(2):50-53.

吴珂,周慧敏,吴俊梅,等,2016. 2015 年夏末昆山一次近地面臭氧污染过程分析[C]. 第 33 届中国气象学会 S11 大气成分与天气、气候变化及环境影响.

许建明,常炉予,马井会,等,2016. 上海秋冬季 $PM_{2.5}$ 污染天气形势的客观分型研究[J]. 环境科学学报,36(12):4303-4314.

严文莲,刘端阳,康志明,等,2019. 江苏臭氧污染特征及其与气象因子的关系[J]. 气象科学,39(4):477-487.

严晓瑜,缑晓辉,杨苑媛,等,2022. 银川市臭氧污染天气形势客观分型研究[J]. 环境科学学报,42(8):13-25.

杨翠虹,2022. 基于不同智能优化算法的 SVR 非线性集成模型在臭氧预测中的应用研究[D]. 兰州:兰州大学.

杨洪斌,邹旭东,汪宏宇,等,2012. 大气环境中的 $PM_{2.5}$ 的研究进展与展望[J]. 气象与环境学报,28(3):77-82.

杨健,尹莎莎,于世杰,等,2020. 安阳市近地面臭氧污染特征及气象影响因素分析[J]. 环境科学,41(1):115-124.

杨溟鋆,王咏薇,张丹,等,2021. 重庆臭氧时空分布特征及其污染成因的初步分析[J]. 环境科学学报,41(12):5026-5037.

杨志捷,刘烨焜,韩理,2019. 内蒙古乌兰察布市集宁区 O_3 污染特征及影响因子[J]. 干旱气象,37(4):631-638.

余益军,孟晓艳,王振,等,2020. 京津冀地区城市臭氧污染趋势及原因探讨[J]. 环境科学,41(1):105-114.

张浩,蒋艳斌,孙巍,等,2012. 基于广义线性模型的地表臭氧浓度的预测[J]. 清华大学学报(自然科学版),52(3):336-339.

张建磊,乐群,束炯,2006. 相空间及向量机理论支持下的臭氧临近预报模式[C]. 第三届长三角气象科技论坛论文集,浙江省气象学会.

张丽,梁碧玲,李磊,2019. 深圳市臭氧污染气象条件指数研究及业务应用[J]. 气象科技进展,9(3):160-165.

张莉,王冠,陈震,2019. 唐山 O_3 浓度时空变化特征及气象影响分析研究[J]. 环境科学与管理,44(7):25-30.

张硕,潘亚群,2018. 西昌市臭氧污染特征及影响因素分析[J]. 四川环境,37(5):143-150.

张小玲,卢宁生,雷雨,等,2021. 成都平原城市群夏季臭氧污染特征与成因分析[C]. 第二十五届大气污染防治技术研讨会论文集,中国环境科学学会:391.

赵乐,刘新军,范莉茹,等,2019. 石家庄夏季典型时段臭氧污染特征及来源解析[J]. 中国环境监测,35(4):79-84.

朱佳,王振会,金天力,等,2010. 基于小波分解和最小二乘支持向量机的大气臭氧含量时间序列预测[J]. 气候与环境研究，15(3)：295-302.

庄马展，2022. 厦门一次典型臭氧污染过程与成因分析[J]. 环境科学与技术，45(9)：118-125.

AMELIE S，BLANDE J D，2019. The effect of elevated ozone on floral chemistry of Brassicaceae species[J]. Environmental Pollution，255(Part 2).

LU X，ZHANG L，CHEN Y，et al，2019. Exploring 2016—2017 surface ozone pollution over China：source contributions and meteorological influences[J]. Atmospheric Chemistry and Physics，19(12)：8339-8361.

YAN R C，YU S C，ZHANG Q Y，et al，2015. A heavy haze episode in Beijing in February of 2014：Characteristics，origins and implications[J]. Atmospheric Pollution Research，6(5)：867-876.

ZHANG H，YUAN H，LIU X，et al，2018. Impact of synoptic weather patterns on 24h-average $PM_{2.5}$ concentrations in the North China Plain during 2013-2017[J]. Science of the Total Environment，627：200-210.

ZHAO P S，DONG F，HE D，et al，2013. Characteristics of concentrations and chemical compositions for $PM_{2.5}$ in the region of Beijing，Tianjin，and Hebei China[J]. Atmospheric Chemistry and Physics，13(9)：4631-4644.